Berechnung
elektrischer Maschinen.

Ein Handbuch für Fachleute.

Von

Ernst Heinrich Geist,
Ingenieur.

Zweite umgearbeitete Auflage.

München.

Druck und Verlag von R. Oldenbourg.

1893.

Vorrede zur ersten Auflage.

Bei der nachfolgenden Entwickelung der Berechnung elektrischer Maschinen galt es, die Maschinenelemente untereinander und mit den ihnen zugeteilten Bewegungen in Beziehung zu bringen, so daſs dem Maschinenbauer nur obliegt, mit einigen Annahmen den Charakter der auszuführenden Maschine zu bestimmen und die erfahrungsmäſsigen, dem Charakter der Maschine entsprechenden Werte der Konstanten in den Formeln einzuführen. Es ist nicht beabsichtigt, solche Konstanten als Erfahrungsresultate in Zahlen zu geben, also z. B. die Verhältnisse von Wickelraum und Eisenvolumen für verschiedene Anordnungen u. dgl. Wo auch immer die Konstanten mit Zahlen benannt wurden, geschah dies, um den Überblick der Rechnung zu erleichtern und ohne Anspruch auf unbedingte Richtigkeit der Annahme; keine der Zahlen rührt von bestehenden Maschinen her.

Wildburgmühle, im Oktober 1888.
(bei Treis a. d. Mosel)

Der Verfasser.

Vorrede zur zweiten Auflage.

Der mir im Herbste 1891 zugegangenen erfreulichen Aufforderung zur Vorbereitung der zweiten Auflage war ich erst Ende 1892 in der Lage zu entsprechen, und zwar nur durch die liebenswürdige Unterstützung, die ich bei Herrn C. Feldmann, Ingenieur in Köln, fand. Es geschah bei der Durchsicht alles, um die Methode klarer und ansprechender zu machen, und wird dieselbe durch ihre Einfachheit hoffentlich weitere Freunde in Fachkreisen sich erwerben und Laien ohne Mühen ein Bild der Berechnungsweise elektrischer Maschinen gewähren. Auch wurde beim Durchsehen der am 28. Oktober 1890 im „Elektrotechnischen Verein" in Berlin von mir gehaltene Vortrag über die Berechnung elektrischer Maschinen berücksichtigt, auf den, als auf eine übersichtliche gedrängte Erläuterung der Berechnungsweise, hingedeutet werden mag. Herrn Ingenieur Feldmann sage ich hiermit besten Dank für die wirkungsvolle Unterstützung.

Köln (Rhein), April 1893.

Der Verfasser.

Inhalts-Verzeichnis.

I. Abschnitt.

Allgemeine Entwickelung der Berechnung.

II. Abschnitt.

Erläuterungen und Beispiele.

A. Hauptschlufsmaschinen.

B. Nebenschlufsmaschinen.

Anhang.

I. Abschnitt.

Allgemeine Entwickelung der Berechnung.

1. Einleitung. Zur Ermittelung einer Methode der rechnerischen Vorausbestimmung zu bauender oder Nachrechnung fertiger elektrischer Maschinen in ihren wesentlichen magnetischen und elektrischen Teilen müfsen wir an Hand der einfachsten Grundformen der Maschinen einen Überblick zu gewinnen und die wechselseitigen Beziehungen der Teile zu finden trachten. Die auf diese Weise gesammelten Erfahrungen und Rechnungsarten können dann für weniger einfache Anordnungen verallgemeinert werden.

Die im folgenden vorzulegende Berechnungsweise weicht insofern von den üblichen ab, als alle Teile der Maschine rechnerisch entwickelt werden. Es wird weder das Eisengestell als gegeben angenommen, noch die Kraftlinientheorie in Anwendung gebracht. Was ich hier zu erörtern beabsichtige, ist der Entwurf einer dem Ideenkreise und der Thätigkeit des Maschinenbauers angepafsten Berechnungsweise, welche jeder für seinen besonderen Maschinenaufbau umgestalten und mit angemessenen Erfahrungszahlen ausgestalten mufs. Die von Hopkinson, Kapp u. A. ausgearbeitete Berechnungsmethode gestattet, für ein gegebenes Eisengerippe die Bewickelungen der Armatur und Magnete mit einer Genauigkeit vorauszuberechnen, wie sie in den meisten Fällen der Praxis kaum erforderlich erscheint; meine Berechnungsweise ist somit in gewisser Beziehung eine Ergänzung der Hopkinson'schen und Kapp'schen, insofern sie nämlich auf Grund allgemeiner Betrachtungen die Zwischenbeziehungen sämtlicher Teile der Maschine zur Auffindung der im Maschinenbau überall angewendeten Verhältniszahlen für sämtliche Teile verwendet.

Der allgemeinen Entwickelung der Berechnung einer Dynamomaschine sei der Aufbau der nachstehend schematisch gezeichneten
mehrpoligen Hauptschlußmaschine zu Grunde gelegt. Der Anker habe
die Form eines cylindrischen Ringes. Die induzierenden Magnete
seien symmetrisch den induzierten als Ring gestaltet und außerhalb
des Ankers angeordnet. Die Verbindung der Bewickelungen sei derart
durchgeführt, daß die den Pfeilen entsprechende Richtung des Stromes aufkommen kann. Bei diesem Aufbau der Maschine lassen sich
Maschinen verschiedener Leistung durch Veränderung der Breite

beider Ringe in der Achsrichtung, durch Aneinanderreihung
und Zusammenschaltung meh-
rerer Maschinen auf einer Achse
und durch Vervielfältigung der
Magnete entwickeln. Die Unter-
suchung von Maschinen des an-
gegebenen Aufbaues ergibt Re-
sultate, die benutzt werden
können bei Maschinen, welche
anderen Aufbau verlangen in
ihren Elementen. Für eine solche Maschine seien alle Maße
gegeben in Volt, Ampère, Milli-
meter, Kilogramm und Sekunden, wo es nicht ausdrücklich anders
bemerkt ist.

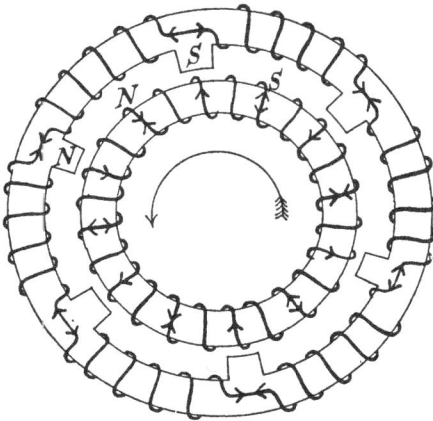

Zur Berechnung einer Maschine sei die Spannung V, die Stromstärke A und die Umdrehungszahl in der Minute n gegeben.

Die Berechnung werde in der Art durchgeführt, daß die Polzahl bestimmt wird. Wird mit der Polzahl in die totale, von der
Maschine verlangte Arbeit dividiert, so ergibt sich die Anzahl Volt-
Ampère, welche auf einen Induktormagnet trifft. Diese elektrische
Arbeit bestimmt die Größe des notwendigen Wickelraumes und in
Abhängigkeit davon das Volumen des Eisenkernes. Unter Annahme
einer Beziehung zwischen der Konstruktion der induzierten und
induzierenden Magnete resultiert die Wickelung und das Eisenvolumen
für die letzteren und damit ist die Maschine bestimmt.

2. Die Polzahl. Ohne Rücksicht auf die Zweckmäßigkeit der
Anwendung von Maschinen der angedeuteten Konstruktion zur Hervorbringung von Gleichströmen oder Wechselströmen, werde bestimmt,
daß die nachfolgend zu berechnenden Maschinen bei zweckent-
sprechender, aber unterschiedlicher Schaltung der Induktorbewickelung

und Erregung der induzierenden Magnete zur Abgabe von Wechselstrom wie von Gleichstrom geeignet sein sollen. Wenn wir also
die willkürliche Bestimmung treffen, daſs die Zahl der Polwechsel
pro Sekunde z sein soll, so legen wir gleichzeitig das Verhältnis
zwischen Umfangsgeschwindigkeit v und mittlerer peripherischer
Magnetlänge m fest. Wenn z. B. zur Hervorbringung von Wechselströmen 100 Polwechsel in der Sekunde bedingt werden, wie dies
auf dem Festlande üblich ist, so muſs die Umfangsgeschwindigkeit v
das Hundertfache der Magnetlänge m betragen. Hieraus ergibt sich
die erste Bedingungsgleichung

$$\frac{v}{m} = 100 \quad \ldots \quad \ldots \quad \ldots \quad (1)$$

Der willkürlich gewählte Wert von z ist durch einen anderen zu
ersetzen, wenn andere Anforderungen an die zu berechnende Maschine
gestellt werden. Die Maschine wird billiger, je gröſser die Umfangsgeschwindigkeit v gewählt wird.

Die Anzahl P der Pole, multipliziert mit der Magnetlänge m, gibt
den mittleren Umfang des Induktors:

$$P\,m = D\,\pi.$$

Dieser Wert für den mittleren Umfang des Induktors werde in die
Gleichung

$$v = \frac{D \cdot \pi \cdot n}{60}$$

für die mittlere Umfangsgeschwindigkeit v eingetragen, und es ergibt sich

$$P = \frac{60 \cdot v}{m \cdot n}, \text{ woraus unter Berücksichtigung von Gl. (1)}$$

$$P = \frac{6000}{n} \quad \ldots \quad \ldots \quad \ldots \quad (2)$$

Setzen wir die Induktormagnete als parallel geschaltet voraus, so bestimmt sich die auf einen Magnet kommende Stromstärke aus der
Beziehung

$$a = \frac{A}{P} \quad \ldots \quad \ldots \quad \ldots \quad (3)$$

Die Bewickelung des Induktormagnetes m, welcher ein Magnetfeld
passiert mit einer Geschwindigkeit, die gleich dem $\frac{v}{m}$ fachen seiner
Länge ist, ergibt die Spannung V, welche proportional dem Werte
$z = \frac{v}{m}$, d. h. der Zahl der Polwechsel. Demnach ist die Bewickelung

1*

des Induktormagnetes zu berechnen, als gäbe sie die Spannung V dividiert durch die Anzahl der Polwechsel. Damit ist die für die ganze auf einen Induktormagnet aufgebrachte Drahtlänge l entfallende Spannung $V \cdot \dfrac{m}{v} = \dfrac{V}{100}$ gefunden, und die Gleichung

$$\frac{a\,V}{z} = a\ \ V \cdot \frac{m}{v} = a \cdot \frac{V}{100} \qquad \ldots \quad \ldots \quad (4)$$

bemifst die elektrische Arbeit eines Induktormagnetes, die für die Bewickelung mafsgebend ist, und es läfst sich aus der Stromstärke a auf den Kupferquerschnitt der Bewickelung und aus der Spannung $\dot{v}\dfrac{m}{v} = \dfrac{V}{100}$ auf die Länge l schliefsen und damit der kupfererfüllte Wickelraum bestimmen. Zur Bestimmung dieser Werte von q und l führt folgende Überlegung.

3. **Die ideelle Drahtlänge.** Die von der Bewickelung eines Induktormagnetes zur Verfügung gegebene Spannung ist proportional, sofern es Konstruktion und Bewegung des Magnetes selbst angeht, der aufgebrachten Drahtlänge l und der Zahl der Polwechsel, also dem Produkte

$$L = l \cdot \frac{v}{m} = l\,z.$$

Dieser Wert kann, wenn wir von der Dimension in absolutem Mafse absehen, in Ermangelung eines besseren Namens als ideelle Drahtlänge bezeichnet und aufgefafst werden als die Drahtlänge, welche in der Zeiteinheit durch ein Magnetfeld hindurchgeführt wird, oder welche in der Zeiteinheit zwischen zwei benachbarten Bürsten zu liegen kommt oder welche die Länge der Bewickelung eines ideellen Magnetes darstellt, der die Länge $m \cdot \dfrac{v}{m} = v$ hat. Diese ideelle Drahtlänge ist auch gleich der ganzen Länge der Induktorbewickelung $P \cdot l$, multipliziert mit der Zahl, die angibt, wie oft der mittlere Umfang des Induktors $P \cdot m$ in der Umfangsgeschwindigkeit v enthalten ist, also

$$L = P \cdot l \cdot \frac{v}{Pm} = l \cdot \frac{v}{m}.$$

Der Widerstand dieser ideellen Drahtlänge L ist proportional $\dfrac{V}{a}$ und für die P parallel geschalteten Induktormagnete zusammen

$$\frac{V}{P \cdot a} = \frac{V}{A}$$

Dieser Widerstand, der Gesamtwiderstand einer Maschine ohne Rücksicht auf die Bewickelung der induzierenden Magnete soll dem minimalen Widerstande des äußeren Stromkreises der Maschine gleich sein.

Der Widerstand von L läßt sich aber auch ausdrücken mit Rücksicht auf die in Millimeter gemessene Länge, den Querschnitt und die für Kupfer = 60 angenommene Leitungsfähigkeit, durch

$$\frac{L}{q \cdot 60000},$$

und dieser Wert des Widerstandes der ideellen Drahtlänge, dem oben gefundenen gleichgesetzt, ergibt

$$\frac{V}{a} = \frac{L}{q \cdot 60000} \text{ und damit } L = V \cdot \frac{q}{a} \cdot 60000.$$

Demnach ist L gleich dem Produkte aus der verlangten Spannung und einer Konstanten, die sich zusammensetzt aus dem Leitungsquerschnitt für die Einheit der Stromstärke und aus der Leitungsfähigkeit des verwendeten Materiales. Die Konstante ist folglich für alle Leitungsmateriale gleich und sie werde = 24000 gesetzt; im nachfolgenden ist also

$$L = 24000\,V \quad . \quad . \quad . \quad . \quad . \quad . \quad . \quad (5)$$

Mit L ist auch nach der früher entwickelten Gleichung $L = l \cdot z$ die gesamte Drahtlänge eines Induktormagnets l bestimmt. Also

$$l = \frac{L}{z} = 24000 \cdot \frac{V}{z} \quad . \quad . \quad . \quad . \quad . \quad (6)$$

und in Berücksichtigung der hier geltenden Gl. (1)

$$l = 240 \cdot V \quad . \quad . \quad . \quad . \quad . \quad . \quad . \quad (7)$$

Gl. (6) gibt die Länge l als Produkt einer Konstanten mal der Spannung, welche zur Magnetlänge m gehört.

Mit der Festlegung der Konstanten war bestimmt, daß

$$\frac{q}{a} \cdot 60000 = 24000$$

sein solle. Für Kupferdraht wird damit

$$q = 0.4\,a \quad . \quad . \quad . \quad . \quad . \quad . \quad . \quad (8)$$

gesetzt und

$$d = \sqrt{\frac{a}{2}} \quad . \quad . \quad . \quad . \quad . \quad . \quad . \quad (9)$$

Mit der Festlegung der Konstanten = 24000 wurde also die spezifische Inanspruchnahme der Querschnitte der Bewickelung bestimmt, und es ist die Länge L eine derartige, daſs die Spannung V eine solche Stromstärke a darin erzeugt, daſs 2,5 Ampère auf 1 qmm Kupferquerschnitt treffen. Es liegt in den Händen des Maschinenbauers, den Wert der Konstanten zu bemessen. Wird die Konstante gröſser als 24000 gewählt, so wird die spezifische Inanspruchnahme des Kupferquerschnittes und damit die Erwärmung der Drähte geringer, die Maschine wird gröſser, teurer, ihr Nutzeffekt höher. Wird die Konstante kleiner als 24000 gewählt, so wird bei höherer Inanspruchnahme und Erwärmung des Kupfers die Maschine geringeres Güteverhältnis haben und billiger sein.

Für Bewickelung der Maschine mit Eisendraht wäre bei Annahme derselben Konstanten

$$\frac{q}{a} \cdot 10000 = 24000,$$

demnach die Beanspruchung des Querschnittes ausgedrückt durch $q = 2,4\,a$, wobei allerdings die gröſsere Abkühlungsoberfläche u. dgl. des dickeren Drahtes nicht berücksichtigt ist.

4. Der Wickelraum. Mit den Gl. (6) oder (7) für die Länge l und der Gl. (8) für den Kupferquerschnitt ist die Gröſse des kupfererfüllten Wickelraums bestimmt, und es läſst sich bei Bestimmung der Form des Querschnittes der Bewickelung und der Isolation der notwendige Raum für die isolierte Bewickelung ermitteln.

Die radial gemessene Höhe des Wickelraumes, die Gröſse k, soll in den folgenden Rechnungen nicht gröſser als 4 mm angesetzt werden, damit die Entfernung zwischen Polschuhfläche und Induktoreisenkern ein mit k und dem freien Spielraum zwischen Induktor und Polschuhfläche bestimmtes Maſs nicht überschreite. Demnach darf für runden Draht oder Kupferband der Durchmesser oder die Dicke, einschlieſslich der doppelten Isolationsdicke, höchstens 4 mm betragen; es ist also, für Kupferdraht oder Kupferband, 3,2 mm die stärkste Dicke, die in Anwendung gebracht werden kann, wenn die Isolationsdicke 0,8 mm als die dem Durchmesser oder der Dicke $d = 3,2$ entsprechende angesehen wird.

Je gröſser k in den zulässigen Grenzen bemessen wird, um so kleiner werden die die Gröſse der Maschine bestimmenden Dimensionen der Induktormagnete, je kleiner k bemessen wird, um so gröſser und teurer wird die Maschine.

Bei Anwendung runden Drahtes ist der totale Wickelraum ausgedrückt mit $k \cdot k \cdot l$, während der kupfererfüllte Wickelraum gleich ist

$$q \cdot l = \frac{d^2 \pi}{4} \cdot l.$$

Bei Anwendung von Kupferband ist die Grenze für die Breite b des Bandes durch die Möglichkeit, dasselbe zweckmäßig aufzuwickeln, und durch die Notwendigkeit der Vermeidung von Wirbelströmen gesteckt. Der totale Wickelraum ist dann ausgedrückt mit $k \cdot u \cdot l$, wenn u die Breite des isolierten Bandes ist, der kupfererfüllte Wickelraum ist: $d \cdot b \cdot l = q \cdot l$.

5. Das Verhältnis J und die Eisenkerndimensionen des induzierten Ringes. Weiter werde die Bestimmung getroffen, daß der kupfererfüllte Wickelraum zum Volumen des bewickelten Eisenkernes, welches letzteres bezeichnet ist mit dem Produkte aus der radialen Eisendicke ϱ, der in Richtung der Achse gemessenen Breite des Induktoreisens und der Länge m, sich verhalte wie die folgende Gl. (10) bestimmt

$$J = \frac{q \cdot l}{\lambda \cdot \varrho \cdot m} = 0{,}075 \quad . \quad . \quad . \quad . \quad . \quad (10)$$

Die Dimension ϱ muß aber in engem Zusammenhange stehen mit der Draht- oder Banddicke d; denn es ist klar, daß jede Dimension des Eisenkernquerschnittes wachsen muß mit der entsprechenden Dimension des Wickelungsraumes.

Da aber der Wickelungsraum vom Querschnitte der Bewickelung und dieser wiederum für gegebene Belastung pro Querschnittseinheit von der Stromstärke abhängen, muß auch die Eisenmasse von der Stromstärke abhängig sein.

Für Kupferband von quadratischem oder rechteckigem Querschnitte mit der Dicke d werde in den nachfolgenden Rechnungen eine Dimension von ϱ angenommen, die der Gl. (11) entspricht

$$\varrho = 20\,d \quad . \quad . \quad . \quad . \quad . \quad . \quad (11)$$

Runder Draht von gleicher Dicke wird nur

$$\varrho = 16\,d \quad . \quad . \quad . \quad . \quad . \quad . \quad (12)$$

erfordern, weil der Kupferquerschnitt und darum auch die geführte Stromstärke nur $\dfrac{3{,}14}{4}$, also ungefähr ³/₄ der im rechteckigen Querschnitte geführten beträgt.

In der Gl. (10) sind nur λ und m noch bekannt. Wird die Breite in dieser Gleichung gleich der Magnetlänge m gesetzt, so ergibt sich für m ein Wert, der ein mittlerer genannt werden kann, insofern die Dimension m weder besonders groß noch besonders klein gegenüber λ sich ergibt. Es ist demnach ein angenäherter Wert von m zu finden aus der umgestalteten Gl. (10)

$$m = \sqrt{\frac{q \cdot l}{\varrho \cdot 0{,}075}} \quad . \quad . \quad . \quad . \quad . \quad (13)$$

und dieser Wert von m soll die endgültige Bestimmung des Wertes m erleichtern. Die Magnetlänge m muſs vom Konstrukteur gewählt werden, und dabei ist zu beachten, daſs je gröſser m genommen wird, desto kleiner die Magnetbreite λ in der Achsrichtung der Maschine wird, daſs in gewissem Verhältnisse zu m auch der Preis der Maschine und die Umfangsgeschwindigkeit v wächst. Nach Annahme der Gl. (1) soll v das Hundertfache von m betragen. Im Interesse einer soliden und gediegenen Konstruktion soll in den folgenden Rechnungen die Geschwindigkeit v die Grenze von 18—19 m nicht überschreiten, womit gleichzeitig die Magnetlänge m mit 180—190 mm begrenzt ist. Die Magnetlänge m soll klein gewählt werden. Je gröſser m, desto mehr Draht der Induktorwickelung liegt auſserhalb der direkten magnetischen Einwirkung. In dem nicht induzierten Drahte eilt der Strom den Stromabgebern zu und verliert durch Überwindung des Leitungswiderstandes an Spannung ohne jedes andere Äquivalent als eine nutzlose, ja schädliche Erwärmung; derselbe stellt daher einen nutzlosen, verlustbringenden, im Stromkreise eingeschlossenen Widerstand dar. Die Bürsten des Stromsammlers können bei solchen mit übergroſser Magnetlänge m versehenen Maschinen vor- und rückwärts gedreht werden (an zweipoligen bestehenden Ausführungen um 45°), ohne daſs sich die Art des Funktionierens der Maschine ändert, obwohl die Induktorpole ganz unzweckmäſsig verschoben sind. Bei einer bezüglich der Magnetlänge m richtig bemessenen Maschine dürfen die Stromabnehmer nur wenig vor- oder rückwärts zu drehen sein; der ganze Induktordraht liegt alsdann im wirkungsvollen Bereiche des induzierenden Magnetes und beim Verschieben der Stromsammler ändert sich die Art des Funktionierens der Maschine wesentlich. Der Anwendung kurzer Magnete für Wechselstrom steht natürlich auch nichts im Wege, im Gegenteile führt derartige Dimensionierung des Maschinenelementes m zu kleinen Maschinen. Bei den vorstehenden Erörterungen ist die schematische Darstellung einer Maschine im Auge behalten worden, wie dieselbe auf Seite 2 zu finden ist.

Ist unter Beobachtung der angedeuteten Rücksichten m gewählt, so ergibt sich die Anzahl w der Draht- oder Bandwindungen, die auf der Magnetlänge m nebeneinander aufgebracht werden können, wie folgt.

Der mittlere Induktordurchmesser D folgt aus der Gleichung

$$D = \frac{60 \cdot v}{\pi \cdot n} = \frac{P \cdot m}{\pi} \quad . \quad . \quad . \quad . \quad . \quad . \quad (14)$$

Damit wird die der Maschinenachse zugekehrte Länge von m

$$\frac{(D-\varrho-2)\,\pi}{P},$$

wenn vor Aufbringung der Wickelung auf dem Eisenkern allerseits eine Isolationsschicht von 1 mm Dicke aufgetragen wird. Zur Befestigung des Induktors auf der Achse sind Speichen nötig, die von jedem Magnete f mm seiner Länge Abzug für ihre peripherische Breite beanspruchen. Die freie Wickelfläche des Magnetes ist demnach

$$\frac{(D-\varrho-2)\,\pi}{P}-f.$$

Wird diese Gröfse durch k bei Anwendung von Draht und durch u bei Anwendung von Band zur Bewickelung dividiert, so ergibt sich die Anzahl w der Windungen, die nebeneinander aufgebracht werden können.

$$\frac{\dfrac{(D-\varrho-2)\,\pi}{P}-f}{k\ \text{bez.}\ u}=w=\frac{(D-\varrho-2)\,\pi-P\,f}{k\cdot P}\quad . \quad . \ (15)$$

Die mittlere Länge einer aufgebrachten Windung bei Berücksichtigung der Isolation ist

$$=2\,\lambda+2\,\varrho+4\,k+8$$

und diese Windungslänge multipliziert, mit der Windungszahl w, ergibt die Länge l, also

$$l=w\,(2\,\lambda+2\,\varrho+4\,k+8).$$

In dieser Gleichung ist nur die Induktorkernbreite λ unbekannt, sie kann also daraus berechnet werden

$$\lambda=\frac{l}{2\,w}-\varrho-2\,k-4\ .\ .\ .\ .\ .\ .\ (16)$$

Die mittlere Umfangsgeschwindigkeit des Induktors ist durch Gl. (1) bestimmt

$$v=100\,m.$$

Es bleibt noch s, die Zahl der Spulen, festzusetzen, in welche die Länge l zwecks Anschlusses an Kollektorlamellen eingeteilt werden soll; dieselbe sei mindestens gleich 6. Im Übrigen werde die Zahl durch die Annahme bestimmt, dafs eine gewisse Maximalspannung zwischen zwei benachbarten Kollektorlamellen zulässig ist.

Die zwischen zwei benachbarten Lamellen herrschende Spannung ist $=\dfrac{V}{s}$ und es werde angenommen, dafs diese, für verschiedene

Ausführungen verschiedene Spannung, in den folgenden Rechnungen höchstens 5 Volt betrage. Dabei dient diese Annahme nur zur Gewinnung von wirklichen Werten bei den berechneten Beispielen, ohne Anspruch auf bedingungslose Richtigkeit zu machen.

$$s = \frac{V}{5} \quad . \quad . \quad . \quad . \quad . \quad . \quad . \quad (17)$$

welches Resultat naturgemäfs so abzurunden ist, dafs die Windungszahl w durch s teilbar ist.

6. Das Verhältnis J^h[1]). Mithin sind alle Induktormafse ausnahmslos gefunden, und es bedarf nur noch der Kontrolle, welchen Wert J mit den gewählten Dimensionen eigentlich angenommen hat. Die Gl. (10) soll den Wert 0,075 oder einen kleineren ergeben; der wirkliche Wert von J soll im Sinne folgender Überlegung die Unterlage bilden zur Dimensionierung des induzierenden Ringes.

Wenn bei stillstehender Maschine durch den Draht l bei der vorgesehenen Anordnung die Stromstärke a unter Aufwendung der Spannung $V \cdot \frac{m}{v}$ fliefst, so wird im Eisenkerne ein gewisser Magnetismus hervorgerufen. Umgekehrt wird sich die Spannung $V \cdot \frac{m}{v}$ und die Stromstärke a entwickeln bei richtig bemessenem Aufsenwiderstand, wenn derselbe Magnetismus dem Eisenkerne zugeführt wird. Für diesen Magnetismus ist die Gröfse J charakteristisch, da sie das Verhältnis zwischen dem kupfererfüllten Wickelungsraume oder bei den aufgeführten Bedingungen das Verhältnis einer elektrischen Arbeit zu einem Eisenkerne und damit den Wert der Magnetisierung der einzelnen Eisenteile durch den Arbeitsaufwand bestimmt. Dabei gilt als Voraussetzung, dafs bei den bedingten Mafsnahmen und der Wahl von m eine Anordnung des Wickelraumes gegenüber dem Eisenkerne erzielt werde, die eine möglichst günstige Ausnutzung der elektrischen Arbeit zur Folge hat.

Um dem stromlosen Induktormagnete den durch J charakterisierten Magnetismus zuzuführen, der an den Enden der Länge l des Bewickelungsdrahtes die Spannung $V \cdot \frac{m}{v}$ verfügbar macht, ist auf dem induzierenden Magnete ein Wickelraum notwendig, dessen Verhältnis J^h zu dem Volumen des Eisenkernes gröfser als J ist.

---

[1]) Es ist wohl kaum nötig ausdrücklich hervorzuheben, dafs hier das hochgestellte h ein Index ist und keine Potenz bedeuten soll.

Wie viel J^h gröfser werden mufs als J, hängt wesentlich von der Entfernung zwischen dem Eisen der beiden Magnetringe ab. Je kleiner die radiale Dimension des Wickelraumes k und der freie Spielraum zwischen Aufseninduktor und Polschuh ist, desto geringer wird der Unterschied zwischen J und J^h sein können, desto gröfser werden die Magnetlänge m und die Magnetbreite λ, desto gröfser und und teurer wird die Maschine und desto besser ist dieselbe. Weil es aber nicht der Zweck dieses Buches ist, genaue Zahlen zu ermitteln, werde unter allen Umständen festgesetzt, dafs, um J auf dem stromlosen induzierten Magnete zu erzeugen, auf dem induzierenden das Verhältnis $J^h = 1{,}2\,J$ notwendig sei. Wird die Länge l des Bewickelungsdrahtes durchflossen von der höchst zuläfsigen Stromstärke a, so ist das gleichbedeutend, als hätte der induzierte Magnet nochmals den Magnetismus J erhalten, welcher schwächend auf den Magnet des induzierenden Magnets einwirkt. Um diesen schädlichen Magnetismus aufzuheben, werde den induzierenden Magneten nochmals ein Magnetismus $1{,}2\,J$ erteilt. Darnach ist zu setzen

$$J^h = 2 \cdot 1{,}2\,J = 2{,}4\,J \quad . \quad . \quad . \quad . \quad . \quad (18)$$

und es erhält damit jeder induzierende Magnet bei jeder Stromleistung der Maschine einen Überschufs an Magnetismus dem induzierten gegenüber, der proportional ist $1{,}2$ mal dem Verhältnisse der jeweils geleisteten elektrischen Arbeit zum Eisenvolumen.

Bei höchster Stromleistung der Maschine hebt einmal der Magnetismus $1{,}2\,J$ des induzierenden Magnetes den Magnetismus J auf, der durch die Stromstärke a hervorgerufen wird im induzierten Magnete; der zweite Teil $1{,}2\,J$ des induzierenden Magnetes überträgt einen Magnetismus J auf den Induktormagneten, der an den Enden von l die Spannung $V \cdot \dfrac{m}{v}$ verfügbar macht. Die geleistete Arbeit ergibt sich, wenn man die Spannung mit der bestehenden Stromstärke und der Zahl der Polwechsel $\dfrac{v}{m}$ oder mit der Relativgeschwindigkeit multipliziert; die elektrische Arbeit des bewegten Induktormagnetes ist also

$$a \cdot V \cdot \frac{m}{v} \cdot \frac{v}{m} = a\,V.$$

7. Die Eisendimensionen des induzierenden Ringes. In Rücksicht auf Gl. (18) sind die Dimensionen des induzierenden Magnetringes zu ermitteln.

Der mittlere Durchmesser D' des induzierenden Magnetringes ist die Summe von

D dem mittleren Induktordurchmesser;

$+ \varrho$ der radialen Eisenkerndicke des Induktors;

$+ 2$ der doppelten Dicke der Isolation;

$+ 2\,k$ der doppelten radialen Höhe des Wickelraumes;

$+ 2$ mal   dem Spielraum zwischen Induktorbewickelung und Polschuh-Innenfläche, der je nach Größe und vollkommener Ausführung zwischen 2 und 8 mm gewählt werde;

$+ 2$ mal   dem Überstehen der Polschuhe über den inneren Ring des induzierenden Eisenkernes um eine für jede Maschine besonders zu bestimmende Länge, die zwischen 5 und ca. 25 mm beträgt;

$+ \varrho'$ der radialen Eisenkerndicke des induzierenden Ringes.

Der massiv eiserne Kern der induzierenden Magnete soll dieselbe radiale Dicke ϱ und dieselbe Breite λ erhalten, die der induzierte Magnetring besitzt. Also

$$\varrho' = \varrho \ \text{und} \ \lambda' = \lambda,$$

womit die Annahme ausgesprochen ist, daß der induzierende dermaßen bestimmte Eisenkern fähig sein soll, den mit $2{,}4\,J$ bestimmten Magnetismus aufzunehmen.

Wird weiter willkürlich festgesetzt, daß die peripherische Polschuhlänge

$$p' = 2\,\varrho' \quad . \quad . \quad . \quad . \quad . \quad . \quad . \quad (19)$$

werden soll, so folgt die Magnetlänge m'

$$m' = \frac{D'\,\pi}{P} - 2\,\varrho' \quad . \quad . \quad . \quad . \quad . \quad (20)$$

Wird hierin m' größer als m, so ist p' zu vergrößern, so daß

$$m' - p' = m.$$

8. Die Bewickelung des induzierenden Ringes.
In der Gleichung

$$J^h = \frac{q^h \cdot l^h}{\varrho' \cdot m' \cdot \lambda'} = 2{,}4\,J \quad . \quad . \quad . \quad . \quad (21)$$

ist nur l^h unbekannt, denn auch q^h ergibt sich aus

$$q^h = 0{,}4\,a^h,$$

und a^h ist $= a$ oder zweckentsprechend in Rücksicht auf die Magnetschaltung anzunehmen. Es ist also

$$l^h = \frac{2{,}4\,J \cdot \varrho' \cdot m' \cdot \lambda'}{q^h} \quad . \quad . \quad . \quad . \quad (22)$$

Hieraus folgt die Zahl der Windungen

$$w^h = \frac{l^h}{2\,\varrho' + 2\,\lambda' + 4k^h + 8} \quad . \quad . \quad . \quad . \quad (23)$$

welche festzuhalten ist, und nach welcher sich bei Berücksichtigung der Längenzunahme einer Windung bei der zweiten oder dritten Lage die Länge l^h endgültig berechnen läfst.

9. **Das elektrische Güteverhältnis.** Das elektrische Güteverhältnis einer derartig berechneten Maschine, das Verhältnis des an den Maschinenklemmen verfügbaren elektrischen Effektes zum gesamten erzeugten elektrischen Effekte bestimmt sich, wie folgt.

Der Spannungsverlust in der Bewickelung eines Induktormagnetes ist bei höchster Belastung durch die Stromstärke a proportional dieser Stromstärke und dem Widerstande. Der Widerstand ist

$$= \frac{l}{q \cdot 60000},$$

demnach der Spannungsverlust

$$= \frac{a \; l}{q \cdot 60000}, \text{ oder da } \frac{a}{q} = 2{,}5 \text{ ist,}$$

$$= \frac{l}{24000}.$$

Der Verlust an elektrischem Effekte in einem Induktormagnete ist demnach

$$= \frac{a \cdot l}{24000},$$

und in allen parallel geschalteten Induktormagneten zusammen

$$= \frac{P \cdot a \cdot l}{24000}.$$

In jedem induzierenden Magnete beträgt der Spannungsverlust

$$\frac{l^h}{24000},$$

und in jedem induzierenden Magnete der Effektverlust

$$\frac{a^h \cdot l^h}{24000},$$

welcher sich für alle parallel geschalteten induzierenden Magnete zusammen darstellen läfst durch

$$\frac{P \cdot a^h \cdot l^h}{24000}$$

Der an den Bürsten mefsbare Effekt der Maschine ist

$$A \cdot V = \frac{P \cdot a \; L}{24000},$$

der an den Maschinenklemmen verfügbare Effekt der Maschine ist

$$= \frac{P \cdot a \cdot L}{24000} - \frac{P \cdot a^h \cdot l^h}{24000},$$

der totale erzeugte Effekt ist

$$= \frac{P \cdot a \cdot L}{24000} + \frac{P \cdot a \cdot l}{24000}.$$

Das Verhältnis des verfügbaren Effektes zum totalen erzeugten gestaltet sich

$$= \frac{a \cdot L - a^h \cdot l^h}{a \cdot L + a \cdot l} = \frac{a \cdot L - a^h \cdot l^h}{a \, (L + l)} \quad . \quad . \quad . \quad (24)$$

welcher Wert für $a^h = a$ wird

$$= \frac{a \, (L - l^h)}{a \, (L + l)} = \frac{L - l^h}{L + l}.$$

II. Abschnitt.

Erläuterungen und Beispiele.

A. Hauptschlußmaschinen.

1 Zur Berechnung einer Hauptschlußmaschine seien gegeben die Spannung $V = 10$, die Stromstärke $A = 12$ und die Umdrehungszahl $n = 250$.

Mit Gl. (1) $\frac{v}{m} = 100$ folgt aus Gl. (2) die Polzahl

$$P = \frac{6000}{n} = \frac{6000}{250} = 24.$$

Aus Gl. (3) ergibt sich $a = \frac{A}{P} = \frac{12}{24} = 0{,}5$.

Die die Entwickelung bestimmende größte elektrische Arbeit eines Magnetes ist Gl. (4)

$$a \cdot V \cdot \frac{m}{v} = 0{,}5 \cdot 10 \cdot 0{,}01 = 0{,}05.$$

Aus Gl. (5) folgt die ideelle Drahtlänge

$$L = 24000 \cdot 10 = 240000,$$

und aus Gl. (7) die erste für den Wickelraum maßgebende Dimension

$$l = 240 \cdot V = 240 \cdot 10 = 2400.$$

Der Kupferdrahtquerschnitt, die andere für den Wickelraum maßgebende Dimension, berechnet sich nach Gl. (8)

$$q = 0{,}4\,a = 0{,}4 \cdot 0{,}5 = 0{,}2,$$

und der entsprechende Durchmesser aus Gl. (9)

$$d = \sqrt{0{,}5 \cdot a} = \sqrt{0{,}5 \cdot 0{,}5} = 0{,}5,$$

wonach die Drahtdicke einschließlich Isolation k zu $1{,}0$ angenommen werde.

Gl. (12) bestimmt den Wert der radialen Eisenkerndicke ϱ

$$\varrho = 16\,d = 16 \cdot 0{,}5 = 8.$$

Nach Gl. (13) ergibt sich ein Mittelwert für die Magnetlänge m

$$m = \sqrt{\frac{q \cdot l}{\varrho \cdot 0{,}075}} = \sqrt{\frac{0{,}2 \cdot 2400}{8 \cdot 0{,}075}} = 28{,}3.$$

Demnach werde m gewählt $m = 9\,\pi = 28{,}26$, so daß sich der Durchmesser D nach Gl. (14) ergibt

$$D = \frac{P \cdot m}{\pi} = \frac{24 \cdot 9 \cdot \pi}{\pi} = 216.$$

Die Windungszahl w ergibt sich nach Gl. (15) mit $f = 1$

$$w = \frac{(D - \varrho - 2)\,\pi - P \cdot f}{k \cdot P} = \frac{(216 - 8 - 2)\,3{,}14 - 24 \cdot 1}{1{,}24} = \infty\ 25,$$

und die Induktorkernbreite λ nach Gl. (11)

$$\lambda = \frac{l}{2\,w} - \varrho - 2\,k - 4 = \frac{2400}{50} - 8 - 2 - 4 = 34.$$

Aus Gl. (11) folgt noch die mittlere Umfangsgeschwindigkeit v

$$v = 100 \cdot m = 100 \cdot 28{,}26 = 2826.$$

Die Länge l bezw. die 25 Windungen mögen in 5 Spulen von je 5 Windungen eingeteilt werden, da die Maschine so klein ist, daß sich nach den durch Gl. (17) dargestellten Annahmen kein brauchbares Resultat für s ergibt

$$s = 5.$$

Das Verhältnis J ist mit den oben bestimmten Werten geworden nach Gl. (10)

$$J = \frac{q \cdot l}{\lambda \cdot \varrho \cdot m} = \frac{0{,}2 \cdot 2400}{34 \cdot 8 \cdot 28{,}26} = 0{,}062,$$

so daß nach Gl. (21)

$$J^h = 2{,}4\,J = 2{,}4 \cdot 0{,}062 = 0{,}149.$$

Nun ist der mittlere Durchmesser $D = 216$ gewesen, der äußerste Durchmesser des Induktors einschließlich Bewickelung ergibt sich also

D = mittlerer Durchmesser . . . . . =	216
$+\ \varrho$ = radiale Eisenkerndimension . . . = $+$	8
$+\,2$ = für Isolation des Eisenkerns . . . = $+$	2
$+\,2\,k$ = Drahtdicken einschließlich Isolation = $+$	2
	zu 228,

so daß bei 3 mm radialem Spielraum die Bohrung der Polschuhflächen werden muß

$$= 234$$

und bei 10 mm über den inneren Eisenkern vorstehendem Polschuh und der radialen Dicke $\varrho' = \varrho = 8$ des induzierenden Eisenkernes der mittlere Durchmesser des letzteren

$$D' = 234 + 20 + 8 = 262.$$

Weil willkürlich die peripherische Polschuhlänge $p' = \varrho'$ werden soll, so folgt die Magnetlänge m' aus Gl. (20)

$$m' = \frac{D'\,\pi}{P} - \varrho' = \frac{262 \cdot \pi}{24} - 8 = 34{,}3 - 8 = 26{,}3.$$

Da der Querschnitt $q^h = 0{,}4\,a^h = 0{,}4 \cdot 0{,}5 = 0{,}2$ ist, so folgt aus der Gl. (22) der Wert für

$$l^h = \frac{J^h \cdot m' \cdot \varrho' \cdot \lambda'}{q^h} \qquad l^h = \frac{0{,}149 \cdot 8 \cdot 26{,}3 \cdot 34}{0{,}2} = \infty\, 5604.$$

Mittels dieses Wertes ergibt sich aus Gl. (23) die Zahl der Windungen, welche zur Ausführung zu bringen ist

$$w^h = \frac{l^h}{2\,\varrho' + 2\,\lambda' + 4\,k^h + 8} = \frac{5604}{16 + 68 + 4 + 8} = \frac{5604}{96} = 59.$$

Das elektrische Güteverhältnis der berechneten Maschine ist nach Gl. (24)

$$\frac{a\,L - a^h\,l^h}{a\,(L + l)} = \frac{0{,}5 \cdot 240000 - 0{,}5\; 5600}{0{,}5\,(240000 + 5600)} = 0{,}95.$$

2. Zur Berechnung einer Hauptschlußmaschine seien gegeben die Spannung $V = 10$, die Stromstärke $A = 12$ und die Umdrehungszahl $n = 1000$

Mit Gl. (1) $\dfrac{v}{m} = 100$ folgt aus Gl. (1) die Polzahl

$$P = \frac{6000}{n} = \frac{6000}{1000} = 6$$

Aus Gl. (3) ergibt sich $a = \dfrac{A}{P} = \dfrac{12}{6} = 2$.

Die die Bewickelung bestimmende größte elektrische Arbeit eines Magnetes ist Gl. (4)

$$a \cdot V \cdot \frac{m}{v} = 2\; 10 \cdot 0{,}01 = 0{,}2.$$

Aus Gl. (5) folgt die ideelle Drahtlänge

$$L = 24000 \cdot V = 24000 \cdot 10 = 240000$$

und aus Gl. (7) die erste für den Wickelraum maßgebende Dimension

$$l = 240 \cdot V = 240 \cdot 10 = 2400.$$

Der Kupferdrahtquerschnitt, die andere für den Wickelraum maßgebende Dimension, berechnet sich nach Gl. (8)

$$q = 0{,}4\,a = 0{,}4 \cdot 2 = 0{,}8$$

und der entsprechende Durchmesser aus Gl. (9)
$$d = V\overline{0,5 \cdot a} = V\overline{0,5 \cdot 2} = 1,$$
somit ist die Drahtdicke einschließlich der Isolation anzunehmen
zu $$k = 1,7.$$
Nach Gl. (12) bestimmt sich der Wert von ϱ
$$\varrho = 16\ d = 16 \cdot 1 = 16$$
und nach Gl. (13) ein mittlerer Wert der Magnetlänge m
$$m = V\overline{\frac{q \cdot l}{\varrho\ 0,075}} = V\overline{\frac{08 \cdot 2400}{16 \cdot 0,075}} = 40.$$
Um einen Induktor mit kleinem Durchmesser zu erhalten, werde
m gewählt mit
$$m = 14 \cdot \pi = 44,$$
so daß sich der Durchmesser D nach Gl. (14) ergibt
$$D = \frac{P \cdot m}{\pi} = \frac{6 \cdot 14\ \pi}{\pi} = 84.$$
Die Windungszahl w ergibt sich nach Gl. (15) mit $f = 2$
$$w = \frac{(D - \varrho - 2)\ \pi - P \cdot f}{k \cdot P} = \frac{(84 - 16 - 2)\ 3,14 - 6,2}{1,7 \cdot 6} = \sim 18$$
und die Induktorbreite λ nach Gl. (16)
$$\lambda = \frac{l}{2\ w} - \varrho - 2\ k - 4 = \frac{2400}{36} - 16 - 3,4 - 4 = 44.$$
Aus Gl. (1) folgt noch die mittlere Umfangsgeschwindigkeit v
$$v = 100 \cdot m = 100 \cdot 44 = 4400.$$
Die Länge l bezw. die 18 Windungen mögen in 6 Spulen von je
3 Windungen eingeteilt werden, da die Maschine so klein ist, daß
sich nach den durch Gl. (17) dargestellten Annahmen kein brauchbares Resultat für s ergibt
$$s = 6.$$
Das Verhältnis J wurde mit den oben bestimmten Werten nach
Gl. (10)
$$J = \frac{q \cdot l}{m \cdot \varrho \cdot \lambda} = \frac{0,8 \cdot 2400}{44 \cdot 16 \cdot 44} = 0,062.$$

Nach Gleichung (24) muß für den induzierenden Magnet sein
$$J^h = 2,4\ J = 2,4 \cdot 0,062 = 0,149.$$
Der mittlere Durchmesser D war $= 84$, also ist der äußerste Durchmesser des Induktors einschließlich der Bewickelung $=$

D = mittlerer Durchmesser	84
+ ϱ = radikale Eisenkerndimension	16
+ 2 für Isolation des Eisenkernes	2
+ 2 k = 3,4 = 2 Drahtdicken einschließlich Isolation	3,4
	= 105,4

so dafs bei 2,3 mm radialem Spielraum zwischen Induktor und Polschuh-Innenfläche die Ausdrehung der Polschuh-Innenflächen einen Durchmesser im Lichten haben mufs von

$$110,0$$

und bei 10 mm über dem inneren Eisenkern vorstehendem Polschuh und der radikalen Dicke ϱ' des Eisenkernes

$$\varrho' = \varrho = 16$$

wird der mittlere Durchmesser des induzierenden Eisenkernes

$$D' = 110 + 20 + 16 = 146$$

Die peripherische Polschuhlänge p' werde ausgeführt mit

$$p' = 32,$$

wonach sich die Magnetlänge m' aus Gl. (20) ergibt

$$m' = \frac{D' \pi}{P} - p' = \frac{146 \cdot 3,14}{6} - 32 = 44.$$

Da der Querschnitt $q^h = 0,4\ a^h = 0,4 \cdot 2 = 0,8$ ist, so folgt aus der Gl. (22) der Wert für l^h, wenn $\lambda' = \lambda$ gesetzt wird

$$l^h = \frac{J^h \cdot \varrho' \cdot m' \cdot \lambda'}{q^h} = \frac{0,149 \cdot 16 \cdot 44 \cdot 44}{0,8} = 5808.$$

Mittels dieses Wertes ergibt sich aus Gl. (23) die Zahl der Windungen, welche zur Ausführung zu bringen ist

$$w^h = \frac{l^h}{2\varrho' + 2\lambda' + 4k^h + 8} = \frac{5808}{32 + 88 + 6,8 + 8} = 43.$$

Das elektrische Güteverhältnis der berechneten Maschine ist nach Gl. (24)

$$\frac{L - l^h}{L + l} = \frac{240000 - 5800}{240000 + 2400} = 0,97.$$

3. Zur Berechnung einer Hauptschlufsmaschine seien gegeben die Spannung $V = 100$, die Stromstärke $A = 100$ und die Umdrehungszahl $n = 125$.

Mit Gl. (1) $\dfrac{v}{m} = 100$ folgt aus Gl. (2) die Polzahl

$$P = \frac{6000}{n} = \frac{6000}{125} = 48.$$

Aus Gl. (3) ergibt sich $a = \dfrac{A}{P} = \dfrac{100}{48} = 2,08.$

Die die Bewickelung bestimmende gröfste elektrische Arbeit eines Magnetes ist nach Gl. (4)

$$a \cdot V \cdot \frac{m}{v} = 2,08 \cdot 100 \cdot 0,01 = 2,08.$$

Aus Gl. (5) folgt die ideelle Drahtlänge
$$L = 24000 \ 100 = 2400000.$$
aus Gl. (7), die erste für den Wickelraum maſsgebende Dimension,
$$l = 240 \ 100 = 24000.$$
Der Kupferdrahtquerschnitt, die andere für den Wickelraum maſsgebende Dimension, berechnet sich nach Gl. (8)
$$q = 0,4 \cdot a = 0,4 \ 2,08 = 0,832$$
und der entsprechende Drahtdurchmesser aus Gl. (9)
$$d = \sqrt{0,5 \cdot a} = \sqrt{0,5 \cdot 2,08} = 1,$$
wonach die Drahtdicke einschlieſslich der Isolation angenommen
werde zu $k = 1,7.$
Nach Gl. (12) bestimmt sich der Wert von ϱ
$$\varrho = 16 \ d = 16 \cdot 1 = 16$$
und nach Gl. (13) ein mittlerer Wert der Magnetlänge m
$$m = \sqrt{\frac{q \cdot l}{\varrho \cdot 0,075}} = \sqrt{\frac{0,8 \cdot 24000}{16 \cdot 0,075}} = \sim 127.$$
Es werde gewählt $m = 42 \ \pi = 132,0$, um den mittleren Wert von
m angenähert beizubehalten, so daſs sich der Durchmesser D nach
Gl. (14) ermitteln läſst
$$D = \frac{P \cdot m}{\pi} = \frac{48 \cdot 42 \ \pi}{\pi} = 2016.$$
Gl. (15) ergibt die Windungszahl w mit $f = 5$
$$w = \frac{(D - \varrho - 2) \ \pi - P \cdot f}{P \cdot k} = \frac{(2016 - 16 - 2) \ 3,14 - 48 \cdot 5}{48 \cdot 1,7} = 72$$
und Gl. (16) die Induktorbreite
$$\lambda = \frac{l}{2 \ w} - \varrho - 2 \ k - 4 = \frac{24000}{144} - 16 - 3,4 - 4 = 167 - 23,4 = 144,$$
während aus Gl. (1) die mittlere Umfangsgeschwindigkeit v folgt
$$v = 100 \ m = 100 \cdot 132 = 13200.$$
Die Länge l bezw. die 72 Windungen ergeben nach Gl. (17)
$$s = \frac{V}{5} = 20$$
Spulen; jedoch soll in Rücksicht auf die Windungszahl ausgeführt
werden $s = 18.$
Das Verhältnis J ist mit den oben bestimmten Werten nach Gl. (10)
$$J = \frac{q \cdot l}{\varrho \cdot \lambda \cdot m} = \frac{0,8 \cdot 24000}{16 \cdot 144 \cdot 132} = 0,063.$$
Nach Gl. (18) muſs für den induzierenden Magnet sein
$$J^h = 2,4 \ J = 2,4 \cdot 0,063 = 0,151.$$

2*

Der mittlere Induktordurchmesser D war $= 2016$, also ist der äufserste Durchmesser des Induktors einschliefslich der Bewickelung $=$

D	$=$ mittlerer Induktordurchmesser	2016
$+ \varrho$	$=$ radiale Eisenkerndimension	16
$+ 2$	für Isolation des Eisenkernes	2
$+ 2 k$	$= 3{,}4 = 2$ Drahtdicken einschliefslich der Isolation	3,4,

$$= 2037{,}4,$$

so dafs bei 5 mm radialem Spielraum zwischen Induktor und Polschuh-Innenfläche die Ausdrehung der Polschuh-Innenflächen einen Durchmesser im Lichten haben mufs von

$$2047,$$

und bei 20 mm vorstehendem Polschuh über den inneren Eisenkern und bei der radialen Dicke ϱ' des Eisenkernes

$$\varrho' = \varrho = 16$$

wird der mittlere Durchmesser des induzierenden Eisenkernes

$$D' = 2047 + 40 + 16 = 2103.$$

Die peripherische Polschuhlänge p' werde ausgeführt mit

$$p' = 32,$$

wonach sich die Magnetlänge m' aus Gl. (20) ergibt

$$m' = \frac{D' \cdot \pi}{P} - p' = \frac{2083 \cdot \pi}{48} - 32 = 106.$$

Da der Querschnitt $q^h = q = 0{,}4 \, a^h = 0{,}4 \cdot 2 = 0{,}8$ ist, so folgt aus der Gl. (22) der Wert für l^h, wenn $\lambda' = \lambda$ gesetzt wird

$$l^h = \frac{J^h \cdot \varrho' \cdot m' \cdot \lambda'}{q^h} = \frac{0{,}151 \cdot 16 \cdot 106 \cdot 144}{0{,}8} = 45800;$$

mittels dieses Wertes ergibt sich aus Gl. (23) die Zahl der Windungen, welche zur Ausführung zu bringen ist

$$w^h = \frac{l^h}{2 \, \varrho' + 2 \, \lambda' + 4 \, k + 8} = \frac{45800}{32 + 280 + 6{,}8 + 8} = 137.$$

Das elektrische Güteverhältnis der berechneten Maschine ist nach Gl. (24)

$$\frac{L - l^h}{L + l} = \frac{2400000 - 45800}{2400000 + 24000} = \frac{23542}{24240} = 0{,}97.$$

4. Zur Berechnung einer Hauptschlufsmaschine seien gegeben die Spannung $V = 100$; die Stromstärke $A = 100$ und die Umdrehungszahl $n = 250$.

Mit Gl. (1) $\dfrac{v}{m} = 100$ folgt aus Gl. (2) die Polzahl

$$P = \frac{6000}{n} = \frac{6000}{250} = 24.$$

Aus Gl. (3) ergibt sich die Stromstärke
$$a = \frac{A}{P} = \frac{100}{24} = 4,16.$$

Die die Bewickelung bestimmende gröſste elektrische Arbeit eines Magnetes ist nach Gl. (4)
$$a \cdot V \cdot \frac{m}{v} = 4,16 \cdot 100 \cdot 0,01 = 4,16.$$

Aus der Gl. (5) folgt die ideelle Drahtlänge
$$L = 24000 \cdot 100 = 2400000,$$

aus Gl. (7) die erste für den Wickelraum maſsgebende Dimension
$$l = 240 \cdot 100 = 24000.$$

Der Kupferdrahtquerschnitt, die andere für den Wickelraum maſsgebende Dimension, berechnet sich nach Gl. (8)
$$q = 0,4\, a = 0,4 \cdot 4,16 = 1,66,$$

und der entsprechende Drahtdurchmesser aus Gl. (9)
$$d = V\overline{0,5\,a} = V\overline{0,5 \cdot 4,17} = 1,44,$$

wonach die Drahtdicke einschlieſslich der Isolation angenommen werde zu
$$k = 2,2.$$

Nach Gl. (12) bestimmt sich der Wert von ϱ
$$\varrho = 16\, d = 16 \cdot 1,44 = 23.$$

und nach Gl. (13) ein mittlerer Wert der Magnetlänge m
$$m = \sqrt{\frac{q \cdot l}{\varrho \cdot 0,075}} = \sqrt{\frac{1,66 \cdot 24000}{23 \cdot 0,075}} = 152.$$

Es werde gewählt $m = 50 \cdot \pi = 157$, um den mittleren Wert angenähert beizubehalten, so daſs sich der mittlere Induktordurchmesser D nach Gl. (14) ermitteln läſst
$$D = \frac{P\, m}{\pi} = \frac{24 \quad 50 \cdot \pi}{\pi} = 1200$$

und die Windungszahl w nach Gl. (15) mit $f = 6$
$$w = \frac{(D - \varrho - 2)\, \pi - P \cdot f}{k \cdot P} = 70.$$

Gl. (16) ergibt die Induktorbreite λ
$$\lambda = \frac{l}{2\, w} - \varrho - 2\, k - 4 = \frac{24000}{140} - 23 - 4,4 - 4 = 140,$$

während aus Gl. (1) die mittlere Umfangsgeschwindigkeit v folgt
$$v = 100\, m = 100 \cdot 157 = 15700.$$

Die Länge l, bezw. die 70 Windungen, ergeben nach Gl. (17)
$$s = \frac{V}{5} = \frac{100}{5} = 20,$$

also 20 Spulen, jedoch sollen zur Ausführung kommen 14 Spulen von je 3 Windungen und 14 Spulen von je 2 Windungen, so daſs stets eine Spule von 3 Windungen zwischen 2 Spulen von je 2 Windungen liegt und umgekehrt.

Das Verhältnis J ist mit den oben bestimmten Werten geworden nach Gl. (10)

$$J = \frac{q \cdot \lambda}{\varrho \cdot \lambda \cdot m} = \frac{1,66 \cdot 24000}{23 \cdot 140 \cdot 157} = 0,079.$$

Nach Gl. (18) muſs für den induzierenden Magnet sein

$$J^h = 2,4\,J = 2,4 \cdot 0,079 = 0,1896 = \sim 0,190.$$

Der äuſserste Durchmesser des Induktors einschlieſslich der Bewickelung setzt sich zusammen aus

D = dem mittleren Induktordurchmesser . . . . . $=$ 1200
$+ \varrho$ = der radialen Eisenkerndimension . . . . . $=$ 23
$+ 2$ = der Isolation des Eisenkernes . . . . . . $=$ 2
$+ 2\,k = 4,4 = 2$ Drahtdicken einschlieſslich der Isolation $=$ 4,4
                                       ist also $\overline{1229,4}$

so daſs bei 5,3 mm radialem Spielraum zwischen Induktor und Polschuh-Innenfläche die Ausdrehung der Polschuh-Innenflächen einen Durchmesser im Lichten haben muſs von

$$1229,4 + 10,6 = 1240,0$$

und bei 20 mm vorstehendem Polschuh über den inneren Eisenkern und bei der radialen Dicke ϱ' des Eisenkernes

$$\varrho' = \varrho = 23$$

wird der mittlere Durchmesser des induzierenden Eisenkernes

$$D' = 1240 + 40 + 23 = 1303.$$

Die peripherische Polschuhlänge p' werde ausgeführt mit

$$p' = 37,$$

wonach sich die Magnetlänge m' aus Gl. (20) ergibt

$$m' = \frac{D'\,\pi}{P} - p' = \frac{1303 \cdot 3,14}{24} - 37 = 134.$$

Da der Kupferquerschnitt $q^h = 0,4\,a^h = 0,4\,a = q = 1,66$, so folgt aus der Gl. (22) der Wert für l^h, wenn $\lambda' = \lambda$ gesetzt wird

$$l^h = \frac{J^h\,\varrho'\,m'\,\lambda'}{q^h} = \frac{0,190 \cdot 23 \cdot 134 \cdot 140}{1,66} = 50920,$$

mittels dieses Wertes ergibt sich aus Gl. (23) die Zahl der Windungen, welche zur Ausführung zu bringen ist

$$w^h = \frac{l^h}{2\,\varrho' + 2\,\lambda' + 4\,k^h + 8} = \frac{51000}{46 + 280 + 8,8 + 8} = \sim 150.$$

Das elektrische Güteverhältnis der berechneten Maschine ist nach
Gl. (24)

$$\frac{L - l^h}{L + l} = \frac{2400000 - 51000}{2400000 - 24000} = 0,97.$$

5. Zur Berechnung einer Hauptschlußmaschine seien gegeben
die Spannung $V = 100$, die Stromstärke $A = 100$ und die Umdrehungszahl $n = 500$.

Mit Gl. (1) $\frac{v}{m} = 100$ folgt aus Gl. (2) die Polzahl

$$P = \frac{6000}{n} = \frac{6000}{500} = 12.$$

Aus Gl. (3) ergibt sich die Stromstärke

$$a = \frac{A}{P} = \frac{100}{12} = 8,33.$$

Die die Bewickelung bestimmende größte elektrische Arbeit eines
Magnetes ist nach Gl. (4)

$$a \cdot V \cdot \frac{m}{v} = 8,33 \cdot 100 \cdot 0,01 = 8,33.$$

Aus der Gl. (5) folgt die ideelle Drahtlänge
$$L = 24000 \cdot 100 = 2400000,$$

aus Gl. (7), die erste für den Wickelraum maßgebende Dimension,
$$l = 240 \cdot 100 = 24000.$$

Der Kupferdrahtquerschnitt, die andere für den Wickelraum maßgebende Dimension, berechnet sich nach Gl. (8)
$$q = 0,4 \cdot a = 0,4 \cdot 8,33 = 3,33 = \sim 3,14$$

und der entsprechende Drahtdurchmesser aus Gl. (9)
$$d = \sqrt{0,5 \cdot a} = \sqrt{0,5 \cdot 8,33} = \sim 2,$$

wonach die Drahtdicke einschließlich der Isolation angenommen
werde zu
$$k = 2,8$$

Nach Gl. (12) bestimmt sich der Wert von ϱ, der radialen Eisenkerndicke, $\qquad \varrho = 16 \cdot d = 16 \cdot 2 = 32$

und nach Gl. (13) ein mittlerer Wert der Magnetlänge

$$m = \sqrt{\frac{q \, l}{q \cdot 0,075}} = \sqrt{\frac{3,14 \cdot 24000}{32 \cdot 0,075}} = \sim 177.$$

Es werde gewählt $m = 57 \cdot \pi = 179,1$, um den mittleren Wert angenähert beizubehalten, so daß sich der Durchmesser nach Gl. (14)
ermitteln läßt

$$D = \frac{P \cdot m}{\pi} = \frac{12 \cdot 57 \cdot \pi}{\pi} = 684 \, ;$$

Gl. (15) ergibt die Windungszahl w mit $f = 8$

$$w = \frac{(D - \varrho - 2)\,\pi - P \cdot f}{k \cdot P} = \frac{(684 - 32 - 2)\,3,14 - 12 \cdot 8}{2,8 \cdot 12} = 57$$

und Gl. (16) die Induktorbreite λ

$$\lambda = \frac{l}{2\,w} - \varrho - 2\,k - 4 = \frac{24000}{114} - 32 - 5,6 - 4 = 170,$$

während aus Gl. (1) die mittlere Umfangsgeschwindigkeit v folgt

$$v = 100 \cdot 179,1 = 17910.$$

Die Länge l, bezw. die 57 Windungen, ergeben nach Gl. (17)

$$s = \frac{V}{5} = \frac{100}{5} = 20,$$

also 20 Spulen, jedoch soll zur Ausführung kommen

$$s = 19.$$

Das Verhältnis J ist mit den oben bestimmten Werten geworden nach Gl. (10)

$$J = \frac{q \cdot l}{m \cdot \lambda \cdot \varrho} = \frac{3,14 \cdot 24000}{179,1 \cdot 170,32} = 0,077.$$

Nach Gl. (18) muſs für den induzierenden Magnet sein

$$J^h = 2,4\,J = 2,4 \cdot 0,077 = 0,185.$$

Der äuſserste Durchmesser des Induktors einschlieſslich der Bewickelung setzt sich zusammen aus

D = dem mittleren Induktordurchmesser . . . . = 684
$+ \varrho$ = der radialen Eisenkerndimension . . . . . = 32
$+ 2$ = der Isolation des Eisenkernes . . . . . . = 2
$+ 2\,k = 5,6$ = der doppelten Drahtdicke einschlieſslich
    der Isolation . . . . = 5,6
            ist also = 723,6,

so daſs bei 5,2 mm radialem Spielraum zwischen Induktor und Polschuh-Innenfläche die Ausdrehung der Polschuh-Innenflächen einen Durchmesser im Lichten haben muſs von

$$723,6 + 10,4 = 734$$

und bei 200 mm vorstehendem Polschuh über den inneren Eisenkern und bei der radialen Dicke ϱ' des Eisenkernes

$$\varrho' = \varrho = 32$$

wird der mittlere Durchmesser des induzierenden Eisenkernes

$$D' = 734 + 40 + 32 = 806.$$

Die peripherische Polschuhlänge p' werde ausgeführt mit

$$p' = 51,$$

wonach sich die Magnetlänge m' aus Gl. (20) ergibt

$$m' = \frac{D' \cdot \pi}{P} - p' = \frac{806 \cdot \pi}{12} - 51 = 160.$$

Da der Kupferquerschnitt
$$q^h = 0,4\,a^h = 0,4\,a = q = 3,14,$$
so folgt aus der Gl. (22) der Wert für l^h, wenn $\lambda' = \lambda$ gesetzt wird
$$l^h = \frac{J^h \cdot \varrho' \cdot m' \cdot \lambda'}{q^h} = \frac{0,185 \cdot 32 \cdot 160 \cdot 170}{3,14} = 55500.$$

Mittels dieses Wertes ergibt sich aus Gl. (23) die Zahl der Windungen, welche zur Ausführung zu bringen ist
$$w^h = \frac{l^h}{2\,\varrho' + 2\,\lambda' + 4\,k + 8} = \frac{55500}{64 + 340 + 11,2 + 8} = 132.$$

Das elektrische Güteverhältnis der berechneten Maschine ist nach Gl. (24)
$$\frac{L - l^h}{L - l} = \frac{2400000 - 55500}{2400000 - 24000} = \frac{23445}{24240} = 0,96.$$

6. Zur Berechnung einer Hauptschlußmaschine seien gegeben die Spannung $V = 100$; die Stromstärke $A = 100$ und die Umdrehungszahl $n = 1000$.

Mit Gl. (1) $\frac{v}{m} = 100$ folgt aus Gl. (2) die Polzahl
$$P = \frac{6000}{n} = \frac{6000}{1000} = 6.$$

Aus Gl. (3) ergibt sich die Stromstärke
$$a = \frac{A}{P} = \frac{100}{6} = 16,66.$$

Die die Bewickelung bestimmende größte elektrische Arbeit eines Magnetes ist nach Gl. (4)
$$a \cdot V \cdot \frac{m}{v} = 16,66 \cdot 100 \cdot 0,01 = 16,66.$$

Aus der Gl. (5) folgt die ideelle Drahtlänge
$$L = 24000 \cdot 100 = 2400000,$$
aus Gl. (7), die erste für den Wickelraum maßgebende Dimension,
$$l = 240 \cdot 100 = 24000.$$

Der Kupferdrahtquerschnitt, die andere für den Wickelraum maßgebende Dimension, berechnet sich nach Gl. (8)
$$q = 0,4 \cdot a = 0,4 \; 16,66 = 6,67 \backsim 6,6$$
und der entsprechende Durchmesser aus Gl. (9)
$$d = \sqrt{0,5 \cdot a} = \sqrt{0,5 \cdot 16,67} = 2,9,$$
wonach die Drahtdicke einschließlich der Isolation angenommen werde zu
$$k = 3,7.$$

Nach Gl. (12) bestimmt sich der Wert von ϱ der radialen Eisenkerndicke $\qquad \varrho = 16\,d = 16\cdot 2{,}9 = 46$
und nach Gl. (13) ein mittlerer Wert der Magnetlänge

$$m = \sqrt{\frac{q\cdot l}{\varrho\cdot 0{,}075}} = \sqrt{\frac{6{,}6\cdot 24000}{46\cdot 0{,}075}} = 215.$$

Es werde gewählt $m = 60\,\pi = 188{,}4$, wobei das höchste zulässige Maſs von v erreicht wird, so daſs sich der Durchmesser D nach Gl. (14) ermitteln läſst

$$D = \frac{P\cdot m}{\pi} = \frac{6\cdot 60\cdot\pi}{\pi} = 360.$$

Gl. (15) ergibt die Windungszahl w mit $f = 12$

$$w = \frac{(D-\varrho-2)\,\pi - Pf}{P\cdot k} = \frac{(360-46-2)\,3{,}14 - 6\cdot 12}{6\cdot 3{,}7} = 40$$

und Gl. (16) ergibt die Induktorbreite λ

$$\lambda = \frac{l}{2\,w} - \varrho - 2\,k - 4 = \frac{24000}{80} - 46 - 7{,}4 - 4 = 243,$$

während aus Gl. (1) die mittlere Umfangsgeschwindigkeit v folgt
$$v = 100\cdot 188{,}4 = 18840.$$

Die Länge l bezw. die 40 Windungen ergeben nach Gl. (17)

$$s = \frac{V}{5} = \frac{100}{5} = 20,$$

also 20 Spulen, und es soll diese Anzahl auch zur Ausführung kommen.

Das Verhältnis J ist mit den oben bestimmten Werten geworden nach Gl. (10)

$$J = \frac{q\cdot l}{m\cdot\varrho\cdot\lambda} = \frac{6{,}6\cdot 24000}{188{,}4\quad 46\cdot 243} = 0{,}075.$$

Nach Gl. (18) muſs für den induzierenden Magnet sein
$$J^h = 2{,}4\,J = 2{,}4\cdot 0{,}075 = 0{,}180.$$

Der äuſserste Durchmesser des Induktors einschlieſslich der Bewickelung setzt sich zusammen aus

$D\ \ =$ dem mittleren Induktordurchmesser . . . . . $= 360$
$+\,\varrho\ \ =$ der radialen Eisenkerndimension . . . . . $=\ \ 46$
$+\,2\ \ =$ der Isolation des Eisenkernes . . . . . $=\ \ \ \ 2$
$+\,2\,k = 7{,}4 = 2$ Drahtdicken einschlieſslich der Isolation $=\ \ \ 7{,}4$
ist also $=\overline{415{,}4,}$

so daſs bei 5,3 mm radialem Spielraum zwischen Induktor und Polschuh-Innenfläche die Ausdrehung der Polschuh-Innenflächen einen Durchmesser im Lichten haben muſs von

$$415{,}4 + 10{,}6 = 426$$

und bei 20 mm vorstehendem Polschuh über den inneren Eisenkern und bei der radialen Dicke ϱ' des Eisenkernes

$$\varrho' = \varrho = 46$$

wird der mittlere Durchmesser des induzierenden Eisenkernes

$$D' = 426 + 40 + 46 = 512.$$

Die peripherische Polschuhlänge p' werde ausgeführt in diesem Falle mit

$$p' = 80{,}5,$$

wonach sich die Magnetlänge m' aus Gl. (20) ergibt

$$m' = \frac{D' \, J}{P} - p' = \frac{512 \cdot 3{,}14}{6} - 80 = 188{,}0.$$

Da der Kupferquerschnitt

$$q^h = 0{,}4 \, a^h = 0{,}4 \, a = q = 6{,}6,$$

so folgt aus der Gl. (22) der Wert für l^h, wenn $\lambda' = \lambda$ gesetzt wird

$$l^h = \frac{Jh \cdot \varrho' \cdot m' \cdot \lambda'}{q^h} = \frac{0{,}180 \cdot 46 \cdot 188 \cdot 243}{6{,}6} = 58000.$$

Mittels dieses Wertes ergibt sich aus Gl. (23) die Zahl der Windungen, welche zur Ausführung zu bringen ist

$$w^h = \frac{l^h}{2 \, \varrho' + 2 \, \lambda' + 4 \, k^h + 8} = \frac{58000}{92 + 486 + 14{,}8 + 8} = 97.$$

Das Güteverhältnis der berechneten Maschine ist nach Gl. (24)

$$\frac{L - l^h}{L + l} = \frac{2400000 - 58000}{2400000 + 24000} = 0{,}97.$$

7. Zur Berechnung einer Hauptschlußmaschine seien gegeben die Spannung $V = 100$, die Stromstärke $A = 1000$ und die Umdrehungszahl $n = 125$.

Mit Gl. (1) $\dfrac{v}{m} = 100$ folgt aus Gl. (2) die Polzahl

$$P = \frac{6000}{n} = \frac{6000}{125} = 48.$$

Aus Gl. (3) ergibt sich die Stromstärke

$$a = \frac{A}{P} = \frac{1000}{48} = 20{,}8.$$

Die die Bewickelung bestimmende gröfste elektrische Arbeit eines Magnetes ist nach Gl. (4)

$$a \cdot V \, \frac{m}{v} = 20{,}8 \cdot 100 \cdot 0{,}01 = 20{,}8.$$

Aus der Gl. (5) folgt die ideelle Drahtlänge

$$L = 24000 \cdot 100 = 2400000,$$

aus Gl. (7), die erste für den Wickelraum mafsgebende Dimension,

$$l = 240 \cdot 100 = 24000.$$

Der Kupferdrahtquerschnitt, die andere für den Wickelraum mafsgebende Dimension, berechnet sich nach Gl. (8)

$$q = 0,4\,a = 0,4 \cdot 20,8 = 8,32 = \backsim 8,04,$$

und der entsprechende Durchmesser aus Gl. (9)

$$d = V\overline{0,5 \cdot a} = V\overline{0,5 \cdot 20,8} = \backsim 3,2,$$

wonach die Drahtdicke einschliefslich der Isolation angenommen werde zu $k = 4,0.$

Nach Gl. (12) bestimmt sich der Wert von ϱ der radialen Eisenkerndicke $\varrho = 16\,d = 16 \cdot 3,2 = 51$

und nach Gl. (13) ein mittlerer Wert der Magnetlänge m

$$m = V\!\!\sqrt{\frac{q \cdot l}{\varrho \cdot 0,075}} = V\!\!\sqrt{\frac{8,04 \cdot 24000}{51 \cdot 0,075}} = \backsim 225.$$

Es werde gewählt $m = 40\,\pi = 125,6$, um einen kleinen Durchmesser und kleine Umfangsgeschwindigkeit zu erhalten.

Nach Gl. (14) läfst sich der Durchmesser D des Induktors ermitteln

$$D = \frac{P \cdot m}{\pi} = \frac{48 \cdot 40 \cdot \pi}{\pi} = 1920.$$

Gl. (15) ergibt mit $f = 7$ die Windungszahl w

$$w = \frac{(D - \varrho - 2)\,\pi - f \cdot P}{P \cdot k} = \frac{(1920 - 51 - 2)\,3,14 - 7 \cdot 48}{4 \cdot 48} = 28,$$

und Gl. (16) die Induktorbreite λ

$$\lambda = \frac{l}{2\,w} - \varrho - 2\,k - 4 = \frac{24000}{56} - 51 - 8 - 4 = 366,$$

während aus Gl. (1) die mittlere Umfangsgeschwindigkeit v folgt

$$v = 100 \cdot m = 100 \cdot 125,6 = 12560.$$

Die Länge l, bezw. die 28 Windungen ergeben nach Gl. (17)

$$s = \frac{V}{5} = \frac{100}{5} = 20,$$

also 20 Spulen, jedoch soll zur Ausführung kommen
$$s = 14.$$

Das Verhältnis J ist mit den oben bestimmten Werten nach Gl. (10)

$$J = \frac{q \cdot l}{m \cdot \varrho \cdot \lambda} = \frac{8,04 \cdot 24000}{125,6 \cdot 51 \cdot 366} = 0,082.$$

Nach Gl. (18) mufs für den induzierenden Magnet sein
$$J^h = 2,4\,J = 2,4 \cdot 0,082 = 0,197.$$

Der äufserste Durchmesser des Induktors einschliefslich der Bewickelung setzt sich zusammen aus

D = dem mittleren Induktordurchmesser 1920
$+\varrho$ = der radialen Eisenkerndimension 51
$+2$ = der Isolation des Eisenkernes 2
$+2k = 8$ = der doppelten Drahtdicke einschliefslich der Isolation 8

ist also $= 1981$,

so dafs bei 6 mm radialem Spielraum zwischen Induktor und Polschuh-Innenfläche die Ausdrehung der Polschuh-Innenflächen einen
Durchmesser im Lichten haben mufs von

$$1981 + 12 = 1993,$$

und bei 20 mm vorstehendem Polschuh über den inneren Eisenkern
und bei der radialen Dicke ϱ' des Eisenkernes

$$\varrho' = \varrho = 51$$

wird der mittlere Durchmesser des induzierenden Eisenkernes

$$D' = 1993 + 40 + 51 = 2084.$$

Die peripherische Polschuhlänge p' werde ausgeführt in diesem
Falle mit $p' = 44,5$,

wonach sich die Magnetlänge m' aus Gl. (20) ergibt

$$m' = \frac{D' \cdot p}{P} - p' = \frac{2084 \cdot 3,14}{48} - 44,5 = 92.$$

Da der Kupferquerschnitt

$$q^h = 0,4\, a^h = 0,4\, a = q = 8,04,$$

so folgt aus der Gl. (22) der Wert für l^h, wenn $\lambda' = \lambda$ gesetzt wird

$$l^h = \frac{J h \cdot m' \cdot \varrho' \cdot \lambda'}{q^h} = \frac{0,197 \cdot 92 \cdot 51 \cdot 366}{8,04} = 41740.$$

Mittels dieses Wertes ergibt sich aus Gl. (23) die Zahl der Windungen, welche zur Ausführung zu bringen ist

$$w^h = \frac{l^h}{2\varrho' + 2\lambda' + 4k + 8} = \frac{41800}{102 + 732 + 16 + 8} = 49.$$

Das elektrische Güteverhältnis der berechneten Maschine ist nach
Gl. (24)

$$\frac{L - l^h}{L + l} = \frac{2400000 - 41800}{2400000 + 24000} = 0,97.$$

8. Zur Berechnung einer Hauptschlufsmaschine seien gegeben
die Spannung $V = 100$, die Stromstärke $A = 1000$ und die Umdrehungszahl $n = 500$.

Mit Gl. (1) $\frac{v}{m} = 100$ folgt aus Gl. (2) die Polzahl

$$P = \frac{6000}{n} = \frac{6000}{500} = 12.$$

Aus Gl. (3) ergibt sich die Stromstärke

$$a = \frac{A}{P} = \frac{1000}{12} = 83,33.$$

Die die Bewickelung bestimmende größte elektrische Arbeit eines Magnets ist nach Gl. (4)

$$a \cdot V \cdot \frac{m}{v} = 83,33 \cdot 100 \cdot 0,01 = 83,33.$$

Aus der Gl. (5) folgt die ideelle Drahtlänge

$$L = 24000 \cdot 100 = 2400000,$$

aus Gl. (7), die erste für den Wickelraum maßgebende Dimension,

$$l = 240 \cdot 100 = 24000.$$

Der Kupferquerschnitt, die andere für den Wickelraum maßgebende Dimension, berechnet sich nach Gl. (8)

$$q = 0,4 \cdot a = 0,4 \cdot 83,33 = 33,33.$$

Weil mit Kupferdraht die größte zugelassene Dimension ($k = 4$) des Wickelraums überschritten würde, soll Kupferband zur Verwendung kommen
Wird $$k = 4$$
gesetzt, so folgt als Banddicke

$$d = 3,2$$

und als Bandbreite $$b = \frac{33,33}{3,2} = 10,4,$$

demnach die Breite des Kupferbandes einschließlich Isolation

$$u = 11,2.$$

Nach Gl. (11) bestimmt sich der Wert von ϱ der radialen Eisenkerndicke bei Anwendung von Kupferband

$$\varrho = 20 \cdot d = 20 \cdot 3,2 = 64$$

und nach Gl. (13) ein mittlerer Wert der Magnetlänge m

$$m = \sqrt{\frac{q \cdot l}{\varrho \cdot 0,075}} = \sqrt{\frac{33,33 \cdot 24000}{64 \cdot 0,075}} = \infty\, 408.$$

Es werde gewählt $m = 60 \cdot \pi = 188,4$, um die Magnetlänge möglichst groß und die Breite λ möglichst klein zu machen.

Nach Gl. (14) läßt sich der Induktordurchmesser D ermitteln

$$D = \frac{P \cdot m}{\pi} = \frac{12 \cdot 60 \cdot \pi}{\pi} = 720.$$

Gl. (15) ergibt die Windungszahl w mit $f = 12$

$$w = \frac{(D - \varrho - 2)\,\pi - P \cdot f}{P \cdot n} = \frac{(720 - 64 - 2)\,3,14 - 12 \cdot 12}{12 \quad 11,2} = 14.$$

Gl. (15) ergibt die Induktorbreite λ

$$\lambda = \frac{l}{2\,w} - \varrho - 2\,k - 4 = \frac{24000}{28} - 64 - 8 - 4 = 781,$$

während aus Gl. (1) die mittlere Umfangsgeschwindigkeit v hervorgeht $\qquad v = 100 \cdot m = 100 \cdot 188{,}4 = 18840.$

Die Länge l bezw. die 14 Windungen ergeben nach Gl. (17)

$$s = \frac{V}{5} = \frac{100}{5} = 20,$$

also 20 Spulen, jedoch soll zur Ausführung kommen

$$s = 14.$$

Das Verhältnis ist mit den oben bestimmten Werten geworden nach Gl. (10)

$$J = \frac{q \cdot l}{m \cdot \varrho \cdot \lambda} = \frac{33{,}33 \cdot 24000}{188{,}4 \cdot 64 \cdot 781} = 0{,}074.$$

Nach Gl. (18) muſs für den induzierenden Magnet sein

$$J^h = 2{,}4\,J = 2{,}4 \cdot 0{,}074 = 0{,}1776 = \sim 0{,}178.$$

Der äuſserste Durchmesser des Induktors einschlieſslich der Bewickelung setzt sich zusammen aus

D = dem mittleren Induktordurchmesser . . . . . = 720
$+\,\varrho$ = der radialen Eisenkerndimension . . . . . = 88
$+\,2$ = der Isolation des Eisenkerns . . . . . . = 2
$+\,2\,k = 8 = 2$ Banddicken einschlieſslich der Isolation = $\underline{\quad 8}$
$\hphantom{+\,2\,k = 8 = 2}$ ist also = 818,

so daſs bei 6 mm radialem Spielraum zwischen Induktor und Polschuh-Innenfläche die Ausdrehung der Polschuh-Innenflächen einen Durchmesser im Lichten haben muſs von

$$818 + 12 = 830$$

und bei 20 mm vorstehendem Polschuh über den inneren Eisenkern und bei der radialen Dicke des Eisenkernes

$$\varrho' = \varrho = 88$$

wird der mittlere Durchmesser des induzierenden Eisenkernes

$$D' = 830 + 40 + 88 = 958.$$

Die peripherische Polschuhlänge werde ausgeführt mit

$$p' = \varrho' = 88,$$

wonach sich die Magnetlänge m' aus Gl. (20) ergibt

$$m' = \frac{D'\,\pi}{P} - p' = \frac{958 \cdot 3{,}14}{12} - 88 = 163.$$

Da der Kupferquerschnitt

$$q^h = 0{,}4 \cdot a^h = 0{,}4 \cdot a = q = 33{,}33,$$

so folgt aus der Gl. (22) der Wert für l^h, wenn $\lambda' = \lambda$ gesetzt wird,

$$l^h = \frac{Jh \cdot m \cdot \varrho \cdot \lambda'}{q^h} = \frac{0,178 \cdot 163 \cdot 88 \cdot 650}{33,33} = \sim 49800.$$

Mittels dieses Wertes ergibt sich aus Gl. (23) die Zahl der Windungen, welche zur Ausführung zu bringen ist

$$w^h = \frac{l^h}{2\,\varrho' + 2\,\lambda + 4\,k + 8} = \sim 34.$$

Das elektrische Güteverhältnis der berechneten Maschine ist nach Gl. (24)

$$\frac{L - l^h}{L + l} = \frac{2400000 - 50000}{2400000 + 24000} = 0,97.$$

Hätte die Maschine unter jeder Bedingung mit Kupferdraht gewickelt werden sollen, so wäre

1. die Möglichkeit gewesen, 5 Maschinen auf gleicher Achse mit gemeinsamem Kollektor herzustellen, jede mit 12 Induktormagneten und einer die Bewickelung bestimmenden elektrischen Arbeit des einzelnen Magnets von

$$\frac{a}{5} \cdot V \cdot \frac{m}{v} = 16,67, \text{ oder}$$

2. die Möglichkeit, 1 Maschine mit 5 parallel gewickelten Drähten auf den Induktormagneten, die nebeneinander liegen und dieselben Dimensionen haben wie die bei den 5 Maschinen zur Aufwickelung gebrachten, herzustellen.

Letztere Maschine hätte sich auch aus der 5 teiligen Maschine entwickeln lassen, wenn bei gleicher Magnetlänge m und Magnetdicke ϱ dem Induktor eine Breite gegeben wäre von

$$5\,\lambda + 4\,\varrho$$

einer Untermaschine der 5 teiligen Maschine.

Diese letztere Folgerung bestätigt sich in Berücksichtigung der Regel, daß aus einer Maschine eine andere für y fache Leistung hergestellt werden kann, wenn der neue Induktor die Breite

$$y \cdot \lambda + (y - 1)\,\varrho$$

der alten Maschine erhält.

B. Nebenschlußmaschinen.

1. **Bezeichnungen.** Es seien bezeichnet mit

$a^n = $ die durch die Nebenschlußbewickelung eines induzierenden Magnetes gehende Stromstärke;

$l^n = $ die Länge der auf einem induzierenden Magnete aufgebrachten Nebenschlußwickelung;

$d^n =$ der Durchmesser $\Big\}$ des auf einem induzierenden Magnete auf-

$q^n =$ der Querschnitt $\Big\}$ gebrachten Kupferdrahtes der Nebenschlufs-bewickelung;

$k^n =$ die Dicke des Kupferdrahtes der Nebenschlufsbewickelung einschliefslich der Isolation;

$w^n =$ die Anzahl der Windungen der Nebenschlufsbewickelung auf einem induzierenden Magnete;

$J^n =$ das Verhältnis des durch die Nebenschlufsbewickelung kupfer-erfüllten Wickelraumes eines induzierenden Magnetes zum Volumen des überwickelten Eisenkernes.

2. **Der Nebenschlufs.** Die Rechnung für den Induktor der Nebenschlufsmaschinen ist die gleiche wie für den Induktor der Hauptschlufsmaschinen. Wird für die induzierenden Magnete wieder

$$J^n = 2{,}4\,J \quad . \quad . \quad . \quad . \quad . \quad . \quad (25)$$

zur Ausführung gebracht und $\varrho' = \varrho$, sowie $\lambda' = \lambda$ gesetzt, wird weiter bedingt, dafs die Bewickelungen der induzierenden Magnete untereinander parallel geschaltet werden, so lassen sich der Quer-schnitt q^n und die Länge l^n dieser Bewickelungen ermitteln wie folgt.

An den Enden der Drahtlänge l^n wirkt die Spannung V, und es soll im Drahte die Stromstärke a^n entstehen, dann mufs der Widerstand sein

$$= \frac{V}{a^n}.$$

Der Widerstand von l^n ist aber auch ausgedrückt durch

$$\frac{l^n}{q^n \cdot 60000}.$$

Werden diese beiden Werte gleichgesetzt, so folgt

$$\frac{V}{a^n} = \frac{l^n}{q^n \cdot 60000},$$

oder auch der Wert

$$l^n = V \cdot \frac{q^n}{a^n} \cdot 60000,$$

welcher da $\dfrac{q^n}{a^n} = 0{,}4$ übergeht in

$$l^n = 24000\,V \quad . \quad . \quad . \quad . \quad . \quad (26)$$

Die Länge von l^n mufs also gleich der ideellen Drahtlänge L aus-geführt werden. Mit dieser Länge ergibt sich aus Gl. (22) der Kupferquerschnitt

$$q^n = \frac{J^n \cdot m' \cdot \varrho' \cdot \lambda'}{l^n} \quad . \quad . \quad . \quad . \quad (27)$$

und damit aus Gl. (8) die erforderliche Stromstärke
$$a^n = 2{,}5 \, q^n \,,$$
und aus dieser d' und k'.

3. **Das elektrische Güteverhältnis** der Maschine bestimmt sich wie folgt.

Der Verlust an elektrischem Effekte in allen Induktormagneten zusammen ist
$$\frac{P \cdot a \cdot l}{24000}.$$

Der Verlust in allen induzierenden Magneten zusammen ist
$$\frac{P \cdot a^n \cdot l^n}{24000}.$$

Der von der Maschine zur Verfügung gegebene elektrische Effekt ist
$$\frac{P \cdot a \cdot L}{24000} - \frac{P \cdot a^n \cdot l^n}{24000}.$$

der totale erzeugte Effekt ist
$$\frac{P \cdot a \cdot L}{24000} + \frac{P \cdot a \cdot l}{24000}.$$

infolgedessen ist das Verhältnis
$$\frac{\text{verfügbarer Effekt}}{\text{totaler erzeugter Effekt}} = \frac{a \cdot L - a^n \cdot l^n}{a \cdot L + a \cdot l} = \frac{a \cdot L - a^n \cdot l^n}{a \, (L + l)},$$
für $L = l^n$ wird dieser Wert
$$\frac{L \, (a - a^n)}{a \, (L + l)} \quad \cdots \cdots \cdots \quad (28)$$

4. Zur Berechnung einer Nebenschlußmaschine seien gegeben die Spannung $V = 10$, die Stromstärke $A = 1000$ und die Umdrehungszahl $n = 125$.

Mit Gl. (1) $\dfrac{v}{m} = 100$ folgt aus Gl. (2) die Polzahl
$$P = \frac{6000}{n} = \frac{6000}{125} = 48.$$

Aus Gl. (3) ergibt sich die Stromstärke
$$a = \frac{A}{P} = \frac{1000}{48} = 20{,}8.$$

Die die Bewickelung bestimmende größte elektrische Arbeit eines Magnetes ist nach Gl. (4)
$$a \cdot V \cdot \frac{m}{v} = 20{,}8 \cdot 10 \cdot 0{,}01 = 2{,}08.$$

Aus der Gl. (5) folgt die ideelle Wickelungslänge
$$L = 24000 \cdot V = 240000,$$

aus Gl. (7), die erste für den Wickelraum maßgebende Dimension,
$$l = 240 \cdot V = 240 \cdot 10 = 2400.$$
Der Kupferquerschnitt, die andere für den Wickelraum maßgebende Dimension berechnet sich nach Gl. (8)
$$q = 0,4 \cdot a = 0,4 \cdot 20,8 = 8,32 = \backsim 8,4.$$
Der diesem Querschnitt entsprechende Kupferdraht würde ein im Verhältnisse zu den übrigen Dimensionen des Wickelraumes unverwertbares k ergeben. Der Induktor werde darum mit 3 parallelen Drähten gewickelt, die gleichzeitig und nebeneinander aufgebracht werden und zusammen den Querschnitt 8,4 besitzen. Jeder der Drähte muß also den Querschnitt haben
$$q = 2,8$$
und den Durchmesser
$$d = 1,9,$$
so daß der Durchmesser einschließlich Isolation
$$k = 2,7.$$
Nach Gl. (12) bestimmt sich der Wert von ϱ der radialen Eisenkerndicke $\quad \varrho = 16\,d = 16 \cdot 1,9 = 31.$
und nach Gl. (13) ein mittlerer Wert der Magnetlänge m
$$m = \sqrt{\frac{q \cdot l}{\varrho \cdot 0,075}} = \sqrt{\frac{8,4 \cdot 2400}{31 \cdot 0,075}} = \backsim 78.$$
Es werde, um einen Vergleich der Maschine zu ermöglichen, mit der im Beispiel 3 Seite 19 f. berechneten Hauptschlußmaschine gewählt $\quad m = 21\,\pi \cdot = 66,$
so daß sich nach Gl. (4) der Durchmesser D ermitteln läßt
$$D = \frac{P \cdot m}{\pi} = \frac{48 \cdot 21 \cdot \pi}{\pi} = 1008.$$
Nach Gl. (15) läßt sich die Zahl der dreifachen Windungen ermitteln mit $f = 3$
$$w = \frac{(D - \varrho - 2)\,\pi - P \cdot f}{P \cdot 3 \cdot k} = \frac{(1008 - 31 - 2)\,\pi - 48 \cdot 3}{48 \cdot 3 \cdot 2,7} = 7,5 = \backsim 7$$
und Gl. (16) ergibt die Induktorbreite λ
$$\lambda = \frac{l}{2\,w} - \varrho - 2\,k - 4 = \frac{2400}{14} - 31 - 5,4 - 4 = 171 - 40,4 = 130,$$
während aus Gl. (1) die mittlere Umfangsgeschwindigkeit v folgt
$$v = 100 \cdot m = 100 \cdot 66 = 6600.$$
Die Länge l bezw. die 7 dreifachen Windungen sollen in 7 Spulen eingeteilt werden von je einer dreifachen Windung, da sich nach den durch Gl. (17) dargestellten Annahmen kein brauchbares Resultat für s ergibt
$$s = 7.$$

3*

Das Verhältnis J ist mit den oben bestimmten Werten nach Gl. (19)

$$J = \frac{q \cdot l}{m \cdot \varrho \cdot \lambda} = \frac{8,4 \cdot 2400}{66 \cdot 31 \cdot 130} = 0,075.$$

Nach Gl. (25) muſs für den induzierenden Magneten sein

$$J^n = 2,4\, J = 2,4 \cdot 0,075 = 0,18.$$

Der äuſserste Durchmesser des Induktors einschlieſslich der Bewickelung setzt sich zusammen aus

D = dem mittleren Induktordurchmesser . . . . = 1008
$+\, \varrho$ = der radialen Eisenkerndimension . . . . . = 31
$+\, 2$ = der Isolation des Eisenkerns . . . . = 2
$+\, 2\, k = 5,4 = 2$ Drahtdicken einschlieſslich der Isolation = 5,4
ist also = $\overline{1046,4,}$

so daſs bei 5,3 mm radialem Spielraum zwischen Induktor und Polschuh-Innenfläche die Ausdrehung der Polschuh-Innenflächen einen Durchmesser im Lichten haben muſs von

$$1046,4 + 10,6 = 1057,0$$

und bei 20 mm vorstehendem Polschuh über den inneren Eisenkern und bei der radialen Dicke ϱ' des Eisenkernes

$$\varrho' = \varrho = 31$$

wird der mittlere Durchmesser des induzierenden Eisenkernes

$$D' = 1057 + 40 + 31 = 1128.$$

Die peripherische Polschuhlänge p' werde ausgeführt mit

$$p' = \varrho' = 31,$$

wonach sich die Magnetlänge m' aus Gl. (20) ergibt

$$m' = \frac{D'\,\pi}{P} - p' = \frac{1128 \cdot 3,14}{48} - 30 = 45.$$

Da die Länge l^n nach Gl. (26)

$$l^n = 24000\, V = 240000,$$

so folgt aus Gl. (27) der Wert für q^n, wenn $\lambda' = \lambda$ gesetzt wird

$$q^n = \frac{J^n \cdot m' \cdot \varrho' \cdot \lambda'}{l^n} = \frac{0,18 \cdot 45 \cdot 31 \cdot 130}{240000} = 0,136.$$

Sollen die Bewickelungen der 48 induzierenden Magnete hintereinander geschaltet werden, so müssen dieselben zusammen die Länge $l' = 240000$ haben und den Querschnitt $= 48 \cdot 0,136 = 6,5$. Dem obigen Werte von q^n entspricht die Stromstärke

$$a^n = 2,5\, q^n = 2,5 \cdot 0,136 = 0,34.$$

Das elektrische Güteverhältnis der Maschine ist nach Gl. (28)

$$\frac{L\,(a - a^n)}{a\,(L + l)} = \frac{240000\,(20,8 - 0,34)}{20,8\,(240000 + 2400)} = 0,97.$$

Der Vergleich beider Maschinen läfst erkennen, wie sehr mit der radialen Wickelraumhöhe k, die für jede Maschine ganz unterschiedlich bemessen werden kann, der ganze Aufbau einer Maschine veränderlich ist. Natürlich mufs sich bei unterschiedlichem k auch das Verhältnis von J zu J^n ändern, worauf aber hier nicht Rücksicht genommen werden soll.

5. Zur Berechnung einer Nebenschlufsmaschine seien gegeben die Spannung $V = 10$, die Stromstärke $A = 1000$ und die Umdrehungszahl $n = 250$.

Mit Gl. (1) $\dfrac{v}{m} = 100$ folgt aus Gl. (2) die Polzahl

$$P = \frac{6000}{n} = \frac{6000}{250} = 24.$$

Aus Gl. (3) ergibt sich die Stromstärke

$$a = \frac{A}{P} = \frac{1000}{24} = 41,7.$$

Die die Bewickelung bestimmende gröfste elektrische Arbeit eines Magnetes ist nach Gl. (4)

$$a \cdot V \cdot \frac{m}{v} = 41,7 \quad 10 \cdot 0,01 = 4,17.$$

Aus der Gl. (5) folgt die ideelle Wickelungslänge
$$L = 24000 \cdot 10 = 240000,$$

aus Gl. (7), die erste für den Wickelraum mafsgebende Dimension,
$$l = 240 \cdot 10 = 2400.$$

Der Kupferquerschnitt, die andere für den Wickelraum mafsgebende Dimension, berechnet sich nach Gl. (8)
$$q = 0,4\, a = 0,4 \cdot 41,7 = \sim 16,8.$$

Weil mit Kupferdraht die gröfste zugelassene Dimension $k = 4$ des Wickelraumes überschritten würde, komme Kupferband zur Verwendung. Wird wie bei dem Beispiele 4 Seite 21 gesetzt
$$k = 2,2,$$

so folgt als Banddicke $d = 1,4$ und als Bandbreite

$$b = \frac{q}{d} = \frac{16,8}{1,4} = 12,$$

also die Breite einschliefslich der Isolation $u = 12,8$.

Nach Gl. (11) bestimmt sich der Wert von ϱ der radialen Eisenkerndicke bei Anwendung von Kupferband mit

$$\varrho = 20\, d = 20 \cdot 1,4 = 28,$$

damit geht aus Gl. (13) ein mittlerer Wert der Magnetlänge m hervor

$$m = \sqrt{\frac{p \cdot l}{\varrho \cdot 0{,}075}} = \sqrt{\frac{16{,}8}{28} \frac{2400}{0{,}075}} = 139.$$

Es werde gewählt $m = 50 \, \pi = 157$, wie bei der Seite 21 ff. berechneten Maschine, und es läfst sich alsdann der Ankerdurchmesser D nach Gl. (14) ermitteln

$$D = \frac{P \cdot m}{\pi} = \frac{24 \cdot 50 \, \pi}{\pi} = 1200.$$

Gl. (15) ergibt die Windungszahl w mit $f = 6$

$$w = \frac{(D - \varrho - 2) \, \pi \cdot P \cdot f}{n \cdot P} = \frac{(1200 - 28 - 2) \, \pi - 24 \cdot 6}{12{,}8 \cdot 24} = 11{,}4 = \sim 11.$$

Das verwendete Kupferband hat eine sehr kleine Dicke d im Vergleich zu seiner Breite b. Wird das Kupferband aus getrennten isolierten Streifen von quadratischem Querschnitte zusammengesetzt gedacht, also aus $\frac{b}{a} = \frac{12}{1{,}4} = 8{,}5$ an der Zahl, so würde einer dieser Streifen einen Raum einnehmen der Breite nach von $1{,}4 + 0{,}8 = 2{,}2$ mm, alle zusammen also von 18,7 mm, wogegen das Band nur 18 mm einnimmt oder etwa nur $^2/_3$ der Breite der quadratischen Streifen hat. Darum mufs, um zu dem richtigen Verhältnisse zu kommen, entweder ϱ vergröfsert werden, oder die Bandwickelungen müssen auseinander gerückt werden, so dafs für eine Bandbreite $u = 12{,}8$ ein Raum von 17,8 mm freigelassen wird. Der letzteren Ausführung entsprechend sollen nur 8 Windungen aufgebracht werden $w = 8$,

so dafs Gl. (16) damit die Induktorbreite λ ergibt

$$\lambda = \frac{l}{2 \, w} - \varrho - 2 \, k - 4 = \frac{2400}{16} - 28 - 4{,}4 - 4 = 114,$$

während aus Gl. (1) die mittlere Umfangsgeschwindigkeit v folgt

$$v = 100 \cdot 157 = 15700.$$

Die Länge l bezw. die 8 Windungen mögen als 8 Spulen von je einer Windung zur Ausführung kommen, da sich nach den durch Gl. (17) dargestellten Annahmen kein brauchbares Resultat für s ergibt $s = 8$.

Das Verhältnis J ist mit den oben bestimmten Werten nach Gl. (10)

$$J = \frac{q \cdot l}{\varrho \cdot m \cdot \lambda} = \frac{16{,}8 \cdot 2400}{28 \cdot 157 \cdot 114} = 0{,}080.$$

Nach Gl. (18) mufs für den induzierenden Magnet sein

$$J^n = 2{,}4 \, J = 2{,}4 \cdot 0{,}08 = 0{,}192.$$

Der äufserste Durchmesser des Induktors einschliefslich der Bewickelung setzt sich zusammen aus

D = dem mittleren Induktordurchmesser . . . . . = 1200
$+ \varrho$ = der radialen Eisenkerndimension . . . . . = 28
$+ 2$ = der Isolation des Eisenkernes . . . . = 2
$+ \varrho k = 4{,}4$ = der doppelten Kupferbanddicke einschliefslich Isolation . . . . = 4,4

ist also = 1234,4,

so dafs bei 5,3 mm radialem Spielraum zwischen Induktor und Polschuh-Innenfläche die Ausdrehung der Polschuh-Innenflächen einen Durchmesser im Lichten haben mufs von

$$1234{,}4 + 10{,}6 = 1245$$

und bei 20 mm über den Eisenkern nach innen vorstehendem Polschuh und bei der radialen Dicke des Eisenkernes

$$\varrho' = \varrho = 28$$

wird der mittlere Durchmesser des induzierenden Eisenkernes

$$D' = 1245 + 40 + 28 = 1313.$$

Die peripherische Polschuhlänge p' werde ausgeführt in diesem Falle mit $p' = 42$, wonach sich die Magnetlänge m' ergibt aus Gl. (20)

$$m' = \frac{D' \cdot \pi}{P} - p' = \frac{1313 \cdot 3{,}14}{24} - 42 = 130.$$

Da die Länge l^n nach Gl. (26) $l^n = 24000\,V = 240000$, so folgt aus der Gl. (27) der Wert für q^n, wenn $\lambda' = \lambda$ gesetzt wird

$$q^n = \frac{J^n \cdot m' \cdot \varrho' \cdot \lambda'}{l^n} = \frac{0{,}192 \cdot 130 \cdot 28 \cdot 114}{240000} = 0{,}34.$$

Damit ist die Stromstärke bestimmt

$$a^n = 2{,}59^n = 2{,}5 \quad 0{,}34 = 0{,}85 = \infty\; 0{,}85,$$

ebenso der Drahtdurchmesser

$$d^n = \sqrt{0{,}5 \cdot a'} = \sqrt{0{,}5 \cdot 0{,}85} = 0{,}65.$$

und die Drahtdicke einschliefslich der Isolation $k^n = 1{,}4$.
Das elektrische Güteverhältnis der berechneten Maschine ist nach Gl. (28)

$$\frac{L\,(a - a^n)}{a\,(L + l)} = \frac{240000\,(41{,}7 - 0{,}85)}{41{,}7\,(240000 + 2400)} = 0{,}97.$$

6. Zur Berechnung einer Nebenschlufsmaschine seien gegeben die Spannung $V = 10$; die Stromstärke $A = 1000$ und die Umdrehungszahl $n = 500$.

Mit Gl. (1) $\dfrac{v}{m} = 100$ folgt aus Gl. (2) die Polzahl

$$P = \frac{6000}{n} = \frac{6000}{500} = 12.$$

Aus Gl. (3) ergibt sich die Stromstärke

$$a = \frac{A}{P} = \frac{1000}{12} = 83{,}33.$$

Die die Bewickelung bestimmende gröfste elektrische Arbeit eines Magnets ist nach Gl. (4)

$$a \cdot V \cdot \frac{m}{v} = 83{,}33 \cdot 10 \cdot 0{,}01 = 8{,}33.$$

Aus der Gl. (5) folgt die ideelle Wickelungslänge

$$L = 24000 \, V = 24000 \cdot 10 = 240000$$

und aus Gl. (7), die erste für den Wickelraum mafsgebende Dimension,

$$l = 240 \, V = 240 \cdot 10 = 2400.$$

Der Kupferquerschnitt, die andere für den Wickelraum mafsgebende Dimension, berechnet sich nach Gl. (8)

$$q = 0{,}4 \cdot a = 0{,}4 \quad 83{,}33 = 33{,}33 = \backsim 34.$$

Auch bei diesem Querschnitte würde mit Anwendung von Kupferdraht die gröfste zugelassene Dimension $k = 4$ des Wickelraums überschritten. Die deshalb benutzte Kupferbanddicke einschliefslich der Isolation betrage

$$k = 2{,}8,$$

so ist die Banddicke $d = 2$ und die Bandbreite

$$b = \frac{q}{d} = \frac{34}{2} = 17.$$

Also die Bandbreite einschliefslich der Isolation $u = 17{,}8$.
Nach Gl. (11) bestimmt sich der Wert von ϱ' der radialen Eisenkerndicke bei Anwendung von rechteckigem Kupferband

$$\varrho = 20 \, d = 20 \cdot 2 = 40.$$

Das verwendete Kupferband hat eine sehr kleine Dicke $d = 2$ im Verhältnis zu seiner Breite $b = 17$. Wird das Kupferband aus getrennten isolierten Streifen von quadratischem Querschnitte zusammengesetzt gedacht, also aus $\dfrac{b}{d} = \dfrac{17}{2} = 8{,}5$ an der Zahl, so würde einer dieser Streifen einen Raum einnehmen der Breite nach von $2 + 0{,}8 = 2{,}8$ mm, alle zusammen also von $8{,}5 \cdot 2{,}8 = 23{,}8$, wogegen das Band nur 17,8, also etwa $^3/_4$ der Breite beansprucht. Darum mufs, um zu dem richtigen Verhältnisse J zu kommen, entweder ϱ vergröfsert werden oder die Bandwickelungen müssen auseinandergerükt werden, so dafs für eine Bandbreite $u = 17{,}8$

ein Raum von 23,8 mm Breite freigelassen wird. Der ersten Ausführung entsprechend soll $\varrho = 40 + 20 = 60$ gesetzt werden.

Damit geht aus Gl. (13) ein mittlerer Wert der Magnetlänge m
hervor

$$m = \sqrt{\frac{q \cdot l}{\varrho \cdot 0{,}075}} = \sqrt{\frac{34 \cdot 2400}{60 \cdot 0{,}075}} = 135.$$

Es werde gewählt $m = 42 \cdot \pi = 132$ und so ergibt sich alsdann der mittlere Ankerdurchmesser D nach Gl. (14)

$$D = \frac{P \cdot m}{\pi} = \frac{12 \cdot 42 \cdot \pi}{\pi} = 504.$$

Gl. (15) ergibt die Windungszahl w mit $f = 8$

$$w = \frac{(D - \varrho - 2)\,\pi - P \cdot f}{n \cdot P} = \frac{(504 - 60 - 2)\,\pi - 12 \cdot 8}{17{,}8 \cdot 12} = 6,$$

und Gl. (16) läßt die Induktorbreite λ erhalten

$$\lambda = \frac{l}{2\,w} - \varrho - 2\,k - 4 = \frac{2400}{12} - 60 - 5{,}6 - 4 = 131,$$

während aus Gl. (1) die mittlere Umfangsgeschwindigkeit v folgt

$$v = 100 \cdot m = 100 \cdot 132 = 13200.$$

Die Länge l bezw. die 6 Windungen mögen als 6 Spulen von je
1 Windung behandelt werden, da sich nach den durch Gl. (17) dargestellten Annahmen kein brauchbares Resultat für s ergibt

$$s = 6.$$

Das Verhältnis J ist mit den oben bestimmten Werten nach Gl. (10)

$$J = \frac{q \cdot l}{m \cdot \varrho \cdot \lambda} = \frac{34 \cdot 2400}{132 \cdot 60 \cdot 131} = 0{,}078.$$

Nach Gl. (25) muß für den induzierenden Magnet sein

$$J^n = 2{,}4 \cdot J = 2{,}4 \cdot 0{,}078 = 0{,}187.$$

Der äußerste Durchmesser des Induktors einschließlich der Bewickelung setzt sich zusammen aus

$D\ $ = dem mittleren Induktordurchmesser . . . . . = 504
$+ \varrho\ $ = der radialen Eisenkerndimension . . . . . . = 60
$+ 2\ $ = der Isolation des Eisenkerns . . . . = 2
$+ 2\,k = 5{,}6$ = der doppelten Kupferbanddicke einschließlich Isolation . . . . = 5,6
ist also = 571,6,

so daß bei 5,2 mm radialem Spielraum zwischen Induktor und Polschuh-Innenfläche die Ausdrehung der Polschuh-Innenflächen einen
Durchmesser im Lichten haben muß von

$$571{,}6 + 2 \cdot 5{,}2 = 582$$

und bei 20 mm vorstehendem Polschuh über den Eisenkern nach innen und bei der radialen Dicke des Eisenkernes
$$\varrho' = \varrho = 60$$
wird der mittlere Durchmesser des induzierenden Eisenkernes
$$D' = 582 + 40 + 60 = 682.$$
Die peripherische Polschuhlänge p' werde ausgeführt in diesem Falle mit $p' = 60$, wonach sich die Magnetlänge m' ergibt aus Gl. (20)
$$m' = \frac{D'\,\pi}{P} - p' = \frac{682 \cdot 3{,}14}{12} - 60 = 119.$$
Da die Länge l^n nach Gl. (26) $l^n = 24000\,V = 240000$, so folgt aus der Gl. (27) der Wert für q^n, wenn $\lambda' = \lambda$ gesetzt wird
$$q^n = \frac{J^n\ m' \cdot \varrho \cdot \lambda'}{l^n} = \frac{0{,}187 \cdot 119 \cdot 60 \cdot 131}{240000} = 0{,}73.$$
Damit ist die Stromstärke bestimmt
$$a^n = 2{,}5\ q^n = 2{,}5 \cdot 0{,}73 = 1{,}83,$$
ebenso der Drahtdurchmesser
$$d^n = \sqrt{0{,}5\ a^n} = \sqrt{0{,}5 \cdot 1{,}83} = 0{,}96$$
und die Drahtdicke einschließlich Isolation $k = 1{,}7$.
Das elektrische Güteverhältnis der berechneten Maschine ist nach Gl. (28)
$$\frac{L\,(a - a^n)}{a\,(L + l)} = \frac{240000\,(83{,}33 - 1{,}83)}{83{,}33\,(240000 + 2400)} = 0{,}97.$$

7. Zur Berechnung einer Nebenschlußmaschine seien gegeben die Spannung $V = 10$, die Stromstärke $A = 1000$ und die Umdrehungszahl $n = 1000$.

Mit Gl. (1) $\dfrac{v}{m} = 100$ folgt aus Gl. (2) die Polzahl
$$P = \frac{6000}{n} = \frac{6000}{1000} = 6.$$
Aus Gl. (3) ergibt sich die Stromstärke
$$a = \frac{A}{P} = \frac{1000}{6} = 167.$$
Die die Bewickelung bestimmende größte elektrische Arbeit eines Magnets ist nach Gl. (4)
$$a\ V \cdot \frac{m}{v} = 167 \cdot 10 \cdot 0{,}01 = 16{,}7.$$
Aus der Gl. (5) folgt die ideelle Wickelungslänge
$$L = 24000 \cdot 10 \cdot 240000$$
und aus Gl. (7), die erste für den Wickelraum maßgebende Dimension,
$$l = 240 \cdot V = 240 \cdot 10 = 2400.$$

Der Kupferquerschnitt, die andere für den Wickelraum maßgebende Dimension, berechnet sich nach Gl. (8)

$$q = 0{,}4 \cdot a \cdot = 0{,}4 \cdot 167 = 66{,}7 = \sim 66{,}8.$$

Die Maschine werde mit nacktem Kupferband von 4 mm Dicke bewickelt und es werde zwischen je 2 Windungen ein Spielraum gelassen. Demnach ist

$$d = k = 4 \text{ und } b = \frac{66{,}8}{4} = 16{,}7.$$

Es muß also sein

$$\varrho = 20 \cdot d = 20 \cdot 4 = 80,$$

mit welchem Werte aus Gl. (13) ein mittlerer Wert der Magnetlänge m hervorgeht

$$m = \sqrt{\frac{q \cdot l}{\varrho \cdot 0{,}075}} = \sqrt{\frac{66{,}8 \cdot 2400}{80 \cdot 0{,}075}} = \sim 164.$$

Es werde gewählt

$$m = 50 \, \pi = 157$$

und es läßt sich alsdann der Ankerdurchmesser D nach Gl. (4) ermitteln

$$D = \frac{P \cdot m}{\pi} = \frac{6 \cdot 50 \cdot \pi}{\pi} = 300.$$

Das verwendete nackte Kupferband hat eine sehr kleine Dicke $d = 4$ im Verhältnis zu seiner Breite $b = 16{,}7$. Wird das Kupferband aus getrennten isolierten Streifen von quadratischem Querschnitte zusammengesetzt gedacht, also aus

$$\frac{b}{d} = \frac{16{,}7}{4} = \sim 4$$

an der Zahl, so würde einer dieser Streifen einen Raum einnehmen der Breite nach von $4 + 0{,}8 = 4{,}8$, alle zusammen also von etwa 20 mm, wogegen das Band nur 16,7, d. h. etwa $^4/_5$ dieser Breite beansprucht. Darum muß, um zu dem richtigen Verhältnis J zu kommen, entweder ϱ vergrößert werden oder die Bandwickelungen müssen auseinander gerückt werden, so daß für eine Bandbreite $b = 16{,}7$ ein Raum von $u = 20$ mm Breite freigelassen wird. Der letzten Ausführung entsprechend, ergibt sich nach Gl. (15) die Windungszahl mit $f = 10$

$$w = \frac{(D - \varrho - 2)\,\pi - P \cdot f}{u \cdot P} = \frac{(300 - 80 - 2)\,3{,}14 - 6 \cdot 10}{20 \cdot 6} = 3.$$

Gl. (16) ergibt damit die Induktorbreite λ

$$\lambda = \frac{l}{2\,w} - \varrho - 2\,k - 4 = \frac{2400}{10} - 80 - 8 - 4 = 148$$

und aus Gl. (1) folgt die mittlere Umfangsgeschwindigkeit v
$$v = 100 \cdot m = 100 \ 157{,}1 = 15710.$$
Die Länge l, bezw. die 5 Windungen, mögen als 5 Spulen von je 1 Windung zur Ausführung kommen, da sich nach den durch Gl. (17) dargestellten Annahmen kein brauchbares Resultat für s ergibt
$$s = 5.$$
Das Verhältnis J ist mit den oben bestimmten Werten nach Gl. (10)
$$J = \frac{q \cdot l}{\varrho \cdot m \cdot \lambda} = \frac{66{,}8 \cdot 2400}{80 \cdot 157 \cdot 148} = 0{,}088.$$
Nach Gl. (18) muß für den induzierenden Magnet sein
$$J^n = 2{,}4 \ J = 2{,}4 \cdot 0{,}088 = 0{,}2112.$$
Der äußerste Durchmesser des Induktors einschließlich der Bewickelung setzt sich zusammen aus

D = dem mittleren Induktordurchmesser . . . . . = 300
$+ \varrho$ = der radialen Eisenkerndimension . . . . . . = 80
$+ 2$ = der Isolation des Eisenkernes . . . . = 2
$+ 2 k$ = 8 der doppelten Kupferbanddicke einschließlich der
      Isolation . . . . = 8
                      ist also = 390,

so daß bei 6 mm radialem Spielraum zwischen Induktor und Polschuh-Innenfläche die Ausdrehung der Polschuh-Innenflächen einen Durchmesser im Lichten haben muß von
$$390 + 12 = 402,$$
und bei 20 mm über den Eisenkern nach innen vorstehendem Polschuh und bei der radialen Dicke des Eisenkernes
$$\varrho' = \varrho = 80$$
wird der mittlere Durchmesser des induzierenden Eisenkernes
$$D' = 402 + 40 + 80 = 522.$$
Die peripherische Polschuhlänge p' werde ausgeführt mit $p' = 116$, wonach sich die Magnetlänge m' ergibt aus Gl. (20)
$$m' = \frac{D' \cdot \pi}{P} - p' = \frac{522 \cdot 3{,}14}{6} - 116 = 157.$$
Da die Länge l^n nach Gl. (26)
$$l^n = 24000 \ V = 240000,$$
so folgt aus Gl. (27) der Wert für q^n, wenn $\lambda' = \lambda$ gesetzt wird
$$q^n = \frac{J^n \cdot m' \cdot \varrho' \cdot \lambda'}{l^n} = \frac{0{,}211 \cdot 157 \cdot 80 \cdot 148}{240000} = 1{,}7.$$
Damit ist die Stromstärke bestimmt
$$a^n = 2{,}5 \ q^n = 2{,}5 \cdot 1{,}7 = 4{,}25,$$

ebenso der Durchmesser

$$d^n = \sqrt{0,5 \cdot a^n} = \sqrt{0,5 \cdot 4,25} = 1,45.$$

und die Drahtdicke einschließlich der Isolation $k = 2,2$.

Das elektrische Güteverhältnis der berechneten Maschine ist nach Gl. (28)

$$\frac{L\,(a - a^n)}{a\,(L + l)} = \frac{240000\,(167 - 4,25)}{167\,(240000 + 2400)} = 0,97.$$

C. Doppelschlußmaschinen.

1. Die Bewickelungen der induzierenden Magnete. Die Rechnung für den Induktor der Doppelschlußmaschine ist die gleiche wie für den Induktor der Haupt- oder Nebenschlußmaschine. Das Verhältnis J^h ist zu machen

$$J^h = 1,2\,J \quad . \quad . \quad . \quad . \quad . \quad . \quad (29)$$

und ebenso das Verhältnis

$$J^n = 1,2\,J \quad . \quad . \quad . \quad . \quad . \quad . \quad (30)$$

Die Länge l^n und die Werte für a^n, q^n und w^n finden sich wie bei der Nebenschlußmaschine. Die Länge l^h und die Werte für a^h, q^h und w^h finden sich wie bei der Hauptschlußmaschine.

2. Das elektrische Güteverhältnis. Das elektrische Güteverhältnis der Maschine, wenn der Nebenschluß an den Stromsammlern angeschlossen gedacht wird, bestimmt sich wie folgt.

Der Verlust an elektrischem Effekt in allen Induktormagneten zusammen ist

$$= \frac{P \cdot a \cdot l}{24000}.$$

Der Effektverlust in allen Hauptschlußbewickelungen zusammen ist

$$= \frac{P \cdot a^h \cdot l^h}{24000}.$$

Der Effektverlust in allen Nebenschlußbewickelungen zusammen ist

$$= \frac{P \cdot a^n \cdot l^n}{24000}.$$

Der von der Maschine zur Verfügung gegebene Effekt ist

$$= \frac{P \cdot a \cdot L}{24000} - \frac{P \cdot a^n \cdot l^n}{24000} - \frac{P \cdot a^h \cdot l^h}{24000}.$$

Der totale erzeugte elektrische Effekt ist

$$= \frac{P \cdot a \cdot L}{24000} + \frac{P \cdot a \cdot l}{24000}.$$

Das Verhältnis $\dfrac{\text{verfügbarer Effekt}}{\text{totaler erzeugter Effekt}}$ ist gleich

$$= \frac{a \cdot L - a^h \ l^h - a^n \cdot l^n}{a \cdot L + a \cdot l} = \frac{a \cdot L - a^h \cdot l^h - a^n \cdot l^n}{a\,(L + l)} \quad . \quad . \quad (31)$$

3. Zur Berechnung einer Doppelschlufsmaschine seien gegeben die Spannung $V = 100$, die Stromstärke $A = 100$ und die Umdrehungszahl $n = 600$.

Mit Gl. (1) $\dfrac{v}{m} = 100$ folgt aus Gl. (2) die Polzahl

$$P = \frac{6000}{n} = \frac{6000}{600} = 10.$$

Aus Gl. (3) ergibt sich die Stromstärke

$$a = \frac{A}{P} = \frac{100}{10} = 10.$$

Die die Bewickelung bestimmende gröfste elektrische Arbeit eines Magnetes ist nach Gl. (4)

$$a \cdot V \cdot \frac{m}{v} = 10 \cdot 100 \cdot 0,01 = 10.$$

Aus der Gl. (5) folgt die ideelle Drahtlänge
$$L = 24000 \cdot V = 24000 \cdot 100 = 2400000,$$
aus Gl. (7), die erste für den Wickelraum mafsgebende Dimension,
$$l = 240 \cdot V = 240 \cdot 100 = 24000.$$
Der Kupferdrahtquerschnitt, die andere für den Wickelraum mafsgebende Dimension, berechnet sich nach Gl. (8)
$$q = 0,4 \ a = 0,4 \cdot 10 = 4 \ \text{ges.} = 4,15$$
und der entsprechende Drahtdurchmesser aus Gl. (9),
$$d = \sqrt{0,5 \cdot a} = \sqrt{0,5 \cdot 10} = \sim 2,3,$$
wonach die Drahtdicke einschliefslich der Isolation angenommen werde zu $\qquad k = 3,1.$
Nach Gl. (12) bestimmt sich der Wert von ϱ der radialen Eisenkerndicke
$$\varrho = 16\,d = 16 \ 2,3 = 37$$
und nach Gl. (13) ein mittlerer Wert der Magnetlänge
$$m = \sqrt{\frac{q}{\varrho} \ \frac{l}{0,075}} = \sqrt{\frac{4,15 \cdot 24000}{37 \cdot 0,075}} = \sim 189.$$
Es werde gewählt $m = 56\,\pi = 176$.
Dann ist nach Gl. (14) der mittlere Induktordurchmesser
$$D = \frac{P \cdot m}{\pi} = \frac{10 \ 56 \cdot \pi}{\pi} = 560.$$

Gl. (15) ergibt die Windungszahl w mit $f = 12$

$$w = \frac{(D - \varrho - 2)\,\pi - P \cdot f}{P \cdot k} = \frac{(560 - 37 - 2)\,3{,}14 - 10 \quad 12}{10 \cdot 3{,}1} = 48.$$

Mit der bekannten Windungszahl w ergibt Gl. (16) die Induktorbreite

$$\lambda = \frac{2\,w}{l} - \varrho - 2\,k - 4 = \frac{24000}{96} - 37 - 6{,}2 - 4 = 203,$$

während aus Gl. (1) die mittlere Umfangsgeschwindigkeit v folgt

$$v = 100 \cdot 176 = 17600.$$

Die Länge l bezw. die 48 Windungen ergeben nach Gl. (17)

$$s = \frac{V}{5} = 20,$$

also 20 Spulen, wofür jedoch 16 Spulen von je 3 Windungen ausgeführt werden sollen, also

$$s = 16.$$

Das Verhältnis J ist mit den oben bestimmten Werten geworden nach Gl. (10)

$$J = \frac{q \cdot l}{\varrho \cdot m \cdot \lambda} = \frac{4{,}15 \cdot 24000}{176 \cdot 37 \cdot 203} = 0{,}075.$$

Nach Gl. (29) muſs für den Hauptschluſs sein

$$J^h = 1{,}2\,J = 0{,}09$$

und für den Nebenschluſs nach Gl. (30)

$$J^n = 1{,}2\,J = 0{,}09.$$

Der äuſserste Durchmesser des Induktors einschlieſslich der Bewickelung setzt sich zusammen aus

D = dem mittleren Induktordurchmesser . . . . . = 560
$+ \varrho$ = der radialen Eisenkerndimension . . . . . . = 37
$+ 2$ = der Isolation des Eisenkernes . . . . = 2
$+ 2\,k = 6{,}2$ = der doppelten Drahtdicke einschlieſslich der
Isolation . . . . = 6,2
ist also = 605,2,

so daſs bei 5,4 mm radialem Spielraum zwischen Induktor und Polschuh-Innenfläche die Ausdrehung der Polschuh-Innenflächen einen Durchmesser im Lichten haben muſs von

$$605{,}2 + 10{,}8 = 616$$

und bei 20 mm über den inneren Eisenkern vorstehendem Polschuh und bei der radialen Dicke ϱ' des Eisenkernes

$$\varrho' = \varrho = 37$$

wird der mittlere Durchmesser des induzierenden Eisenkernes

$$D' = 616 + 40 + 37 = 693.$$

Die peripherische Polschuhlänge p' werde ausgeführt mit
$$p' = 42,$$
wonach sich die Magnetlänge m' aus Gl. (20) ergibt
$$m' = \frac{D' \pi}{P} - p' = \frac{693 \cdot 3{,}14}{10} - 42 = 176.$$
Da der Kupferquerschnitt
$$q^h = 0{,}4\, a^h = 0{,}4 \cdot a = p = 4{,}15,$$
somit $d^h = d = 2{,}3$ und $k^h = k = 3{,}1$, so folgt aus der Gl. (22) der Wert für l^h, wenn $\lambda' = \lambda$ gesetzt wird
$$l^h = \frac{J^h \cdot \varrho' \cdot m' \cdot \lambda'}{q^h} = \frac{0{,}09 \cdot 37 \cdot 176 \cdot 203}{4{,}15} = 28669 = \backsim 29000.$$
Mittels dieses Wertes ergibt sich aus Gl. (23) die Zahl der Hauptschluß-Windungen, welche zur Ausführung zu bringen ist
$$w^h = \frac{l^h}{2\,\varrho' + 2\,\lambda' + 4\,k + 8} = \frac{29000}{74 + 406 + 12{,}4 + 8} = 58.$$
Alle Nebenschlußwickelungen seien hintereinander geschaltet und deren Gesamtlänge berechnet sich nach Gl. (26)

Gesamtnebenschlußlänge $= 24000\, V = 24000 \cdot 100 = 2400000,$
damit wird
$$l^n = \frac{2400000}{10} = 240000,$$
und aus Gl. (27) folgt der Wert für q^n
$$q^n = \frac{J^n \cdot m' \cdot \varrho' \cdot \lambda'}{l^n} = \frac{0{,}09 \cdot 176 \cdot 37 \cdot 203}{240000} = 0{,}496 = \backsim 0{,}5.$$
Damit ist die Stromstärke bestimmt
$$a^n = 2{,}5\, q^n = 2{,}5 \cdot 0{,}5 = 1{,}25,$$
ebenso der Durchmesser
$$d^n = \sqrt{0{,}5 \cdot a^n} = \sqrt{0{,}5 \cdot 1{,}25} = 0{,}8,$$
und die Drahtdicke einschließlich der Isolation $k^n = 1{,}7$.
Das elektrische Güteverhältnis der berechneten Maschine ist nach Gl. (31)
$$\frac{a \cdot L - a^h \cdot l^h - a^n \cdot l^n}{a\,(L + l)} = \frac{10 \cdot 2400000 - 10 \cdot 29000 - 1{,}25 \cdot 240000}{10\,(2400000 + 24000)} =$$
$$= 0{,}97.$$

D. Elektromotoren.

1. **Anforderungen.** Für den Aufbau der Elektromotoren oder Sekundärmaschinen gelten dieselben Gesichtspunkte und Grundsätze wie für andere Dynamomaschinen. Die besonderen Anforderungen

welche an Elektromotoren in einzelnen Fällen gestellt werden, bedingen die Art der Ausführung. Diese Anforderungen können sich auf die unterschiedliche Arbeitsleistung, die Rauminanspruchnahme, unterschiedliche Umdrehungszahl und auch die unterschiedliche verfügbare elektrische Arbeit beziehen. Weil aber zum Betriebe der stromgebenden Maschinen im allgemeinen solche Motoren benutzt werden, welche für unterschiedliche Arbeitsleistung stets die gleiche Anzahl Umdrehungen im Mittel besitzen oder der stromgebenden Maschine erteilen, so werde nachfolgend nur die eine Aufgabe ausführlicher behandelt: Elektromotoren für stets gleiche Spannung und unterschiedliche Stromstärke zu berechnen.

Zur Verwendung als Elektromotoren können sowohl Haupt- wie Neben-, als auch Doppelschlußmaschinen kommen. Das Verhältnis des Magnetismus der induzierenden Magnete zum Magnetismus der induzierten Magnete bei unterschiedlicher Stromaufnahme ist stets das gleiche bei Hauptschlußmaschinen; bei Nebenschlußmaschinen ist der Magnetismus der induzierenden Magnete stets der gleiche und der der induzierten Magnete der aufgenommenen Stromstärke entsprechend; bei Doppelschlußmaschinen setzt sich der Magnetismus der induzierenden Magnete zusammen aus einem stets gleichen Teil und einem anderen mit der Stromstärke veränderlichen Teile, von welchen der letztere stets im gleichen Verhältnisse steht zu dem mit der Stromstärke veränderlichen Magnetismus der induzierten Magnete. Aus dieser Kennzeichnung ergibt sich direkt, daß bei gleicher Umdrehungszahl und bei gleicher Stromstärke eine Hauptschlußmaschine weniger Umfangskraft entwickelt, wie eine gleiche mit Doppelschlußwickelung versehene Maschine. Unter denselben Bedingungen wird eine Doppelschlußmaschine weniger Umfangskraft entwickeln, wie eine gleiche mit reiner Nebenschlußwickelung versehene Maschine. Der Unterschied der Umfangskräfte von nur mit verschiedener Bewickelung der induzierenden Magnete versehenen sonst gleichen Maschinen wird kleiner bei zunehmender Belastung und Stromaufnahme und verschwindet bei größter Inanspruchnahme der Maschinen. Der Anlauf (vom Stillstande aus) einer Hauptschlußmaschine erfolgt rascher, als der einer Doppelschlußmaschine, und der Anlauf der letzteren rascher als der von Nebenschlußmaschinen, gleiche Belastung und bis auf die Bewickelung der induzierenden Magnete gleiche Maschinen vorausgesetzt.

Ein Elektromotor wird als Hauptschlußmaschine zu berechnen sein und kann dann in besonderer Weise bewickelt werden am induzierenden Teile, zur Erreichung besonderer wünschenswerter Eigenschaften. Weiterhin wird der allgemeine Fall behandelt, in dem die für stets gleiche Spannung und unterschiedliche Stromstärke eingerichtete Sekundärmaschine bei einer unterschiedlichen Stromstärke und entsprechender Arbeitsleistung unterschiedliche Umdrehungszahl erhalten kann, alsdann sind Aufgaben über Zweitmaschinen, die weniger Anforderungen zu genügen haben, eine Vereinfachung des behandelten allgemeinen Falles und darum aus diesem abzuleiten.

2. **Mehrere gleiche parallel geschaltete Maschinen.** Es sind z Stück gleiche Hauptschlußmaschinen auf einer Achse montiert. Wird die Hälfte $\frac{z}{2}$ dieser Maschinen parallel eingeschaltet, so nehmen dieselben bei V Volt und der Umdrehungszahl n eine Stromstärke $= \frac{A}{2}$ auf und leisten eine bestimmte Arbeit H.

Die Stromstärke in irgend einem Magnete ist gleich

$$\frac{A}{2} \cdot \frac{2}{z \cdot P} = \frac{A}{z \cdot P}$$

der entsprechende Magnetismus sei bezeichnet mit

$$\frac{A}{z \cdot P} \cdot c.$$

Die Wechselwirkung zwischen den induzierenden und induzierten P Magneten einer Untermaschine sei bezeichnet mit

$$\left(\frac{A}{z \cdot P} \right)^2 \cdot C$$

unter Einführung einer neuen Konstanten C.

Darum ist die Umfangskraft von $\frac{z}{2}$ Untermaschinen proportional

$$\left(\frac{A}{Z \cdot P} \right)^2 \cdot C \cdot \frac{z}{2} = \left(\frac{A}{P} \right)^2 \cdot \frac{C}{2 \cdot z}$$

und die Arbeitsleistung H werde bezeichnet bei der Umdrehungszahl n bezw. Umfangsgeschwindigkeit v mit

$$H = \left(\frac{A}{P} \right)^2 \cdot \frac{C}{2 \cdot z} \cdot v.$$

Wird eine weitere gleiche Untermaschine parallel eingeschaltet, so daß $\frac{z}{2} + 1$ im Betriebe sind, dann ist die Umfangskraft aller dieser Maschinen gleich

$$\left(\frac{A}{(z+2)\, P} \right)^2 \cdot C \cdot \frac{z+2}{2} = \left(\frac{A}{P} \right)^2 \cdot \frac{C}{2\,(z+2)}.$$

Die Umdrehungszahl hat sich bei gleicher Arbeitsleistung H der Maschinen geändert; denn die Stromstärke $\frac{A}{2}$ und die Spannung V

sollen dieselben bleiben, während sich die Stromstärke in jedem Magnete verringert und zwar auf den Wert

$$\frac{2}{z+2} \cdot \frac{A}{P \cdot 2} = \frac{A}{(z+2)\,P}.$$

Um diese Stromstärke im Induktor aufzubrauchen bei der Spannung V, und um keine gröfsere Stromstärke eintreten zu lassen, mufs nach Gleichung 5

$$L = V \cdot \frac{q}{a} \cdot 60000,$$

die ideelle Drahtlänge L auf $\frac{z+2}{z} \cdot L$ vergröfsert werden und dies geschieht, indem die Umdrehungszahl bezw. Geschwindigkeit von v auf $\frac{z+2}{z} \cdot v$ wächst.

Bei dieser vergröfserten Umdrehungszahl n stellt sich die Arbeitsleistung H dar durch

$$H = \left(\frac{A}{P}\right)^2 \cdot \frac{C}{2\,(z+2)} \cdot \frac{z+2}{z} \cdot v = \left(\frac{A}{P}\right)^2 \cdot \frac{C}{2\,z} \cdot v,$$

sie ist also gleich der obigen bei der Maschinenzahl $\frac{z}{2}$, und es hat sich nur die Umdrehungszahl und die Beanspruchung der Bewickelungsquerschnitte geändert.

Wird demnach der Elektromotor aus kleineren Maschinen, d. h. Untermaschinen zusammengesetzt, so kann bei gleicher Arbeitsleistung unterschiedliche Tourenzahl erzielt werden. Auch unterschiedliche Arbeit bei konstanter oder verschiedener Umdrehzahl leistet ein derartiger Elektromotor. Die Anzahl von kleineren Maschinen, in die der Elektromotor zerlegt werden mufs, wird durch die Feinheit der Unterschiede in der Umdrehungszahl n, die verlangt wird, bestimmt und durch die Unterschiede in der verfügbaren elektrischen Arbeit, die noch bei oberster oder unterster Grenze durch den Elektromotor in einer gewissen Umdrehzahl umgesetzt werden soll.

3. **Mehrere gleiche hinter einander geschaltete Maschinen.** Sollen die einzelnen Teile eines Elektromotors, die Untermaschinen, nicht parallel, sondern hinter einander geschaltet werden, so läfst sich auch mit dieser Anordnung den Anforderungen unterschiedlicher Umdrehungszahl bei konstanter Arbeit und konstanter Umdrehungszahl bei unterschiedlicher Arbeit genügen.

Von z gleichen Hauptschlufsmaschinen, deren jede für die höchste verfügbare Stromstärke A gebaut sein mufs, seien $\frac{z}{2}$ hintereinander geschaltet, V Volt und die Stromstärke A aufnehmend, und bei der Umdrehzahl n die bestimmte Arbeit H abgebend.

Die Stromstärke in irgend einem Magnete ist gleich

$$\frac{2\,A}{z \cdot P}.$$

Der entsprechende Magnetismus sei bezeichnet mit

$$\frac{2\,A}{z \cdot P} \cdot c$$

die Wechselwirkung zwischen induzierenden und induziertem Magnete sei bezeichnet mit $\qquad \left(\frac{2\,A}{z \cdot P}\right)^2 \cdot C$

unter Einführung einer neuen Konstanten C. Alsdann ist die Umfangskraft von $\frac{z}{2}$ Maschinen proportional

$$\left(\frac{2\,A}{z \cdot P}\right)^2 \cdot C \cdot \frac{z}{2}$$

und die Arbeitsleistung H werde bezeichnet bei der Umdrehungszahl n bezw. Umfangsgeschwindigkeit v mit

$$H = \left(\frac{2\,A}{z\,P}\right)^2 \cdot C \cdot \frac{z}{2} \cdot v.$$

Wird eine weitere gleiche Untermaschine vorgeschaltet, so daſs $\frac{z}{2} + 1$ im Betriebe sind, dann ist die Umfangskraft bei konstanter Stromaufnahme A aller Maschinen zusammen gleich

$$\left(\frac{2\,A}{z \cdot P}\right)^2 \cdot C \cdot \frac{z + 2}{2}.$$

Die Umdrehungszahl hat sich bei gleicher Arbeitsleistung H der Maschinen geändert, denn die Stromstärke $\frac{A}{2}$ und die Spannung V sollen dieselben bleiben, während sich die Spannung in jedem Induktormagnete verringert und zwar auf den Wert $\frac{z}{z + 2}$ des früheren. Dementsprechend muſs nach der Gl. 5.

$$L = V \cdot \frac{q}{a} \cdot 60000$$

die ideelle Drahtlänge verringert werden und dies geschieht, indem die Umdrehungszahl bezw. die Umfangsgeschwindigkeit v von v auf $v \cdot \frac{z}{z + 2}$ sinkt. Die geleistete Arbeit stellt sich dar durch

$$H = \left(\frac{2\,A}{z \cdot P}\right)^2 \cdot C \cdot \frac{z + 2}{2} \cdot \frac{z}{z + 2} \cdot v = \left(\frac{2\,A}{z \cdot P}\right)^2 \cdot C \cdot \frac{z}{2} \cdot v,$$

ist also gleich der obigen bei der Maschinenzahl $\dfrac{z}{2}$ und nur die Umdrehungszahl hat sich verringert.

Werden die Untermaschinen so ausgeführt, dafs eine derselben die ganze Arbeit aufnehmen und umsetzen kann, so gibt eine solche allein eingeschaltet die höchste Umdrehungszahl. Während bei parallel geschalteten Maschinen die Umdrehungszahl wächst, nimmt sie bei Vermehrung hintereinandergeschalteter Maschinen ab.

Eine Einrichtung, bei der die Maschinen sowohl parallel als auch hintereinander geschaltet werden können, machte es möglich, den gestellten Anforderungen in noch höherer Vollkommenheit und weiteren Grenzen als bei einer Schaltungsweise zu entsprechen.

4. Das elektrische Güteverhältnis der Maschine. Das elektrische Güteverhältnis eines Hauptschlufselektromotors, das heifst das Verhältnis des die Drehung der Maschine bewirkenden elektrischen Effektes zu dem ganzen aufgenommenen elektrischen Effekt bestimmt sich wie folgt.

In allen Induktormagneten zusammen beträgt der Effekt-Verlust

$$\frac{P \cdot a \cdot l}{24000} = \frac{A \cdot l}{24000},$$

in allen induzierenden Magneten zusammen beträgt der Verlust

$$\frac{P \cdot a^h \cdot l^h}{24000} = \frac{A \cdot l^h}{24000}$$

Der ganze aufgenommene elektrische Effekt beträgt

$$= \frac{A \cdot L}{24000} + \frac{A \cdot l^h}{24000}.$$

Demnach das Verhältnis

$$= \frac{\text{nutzbarer elektr. Effekt}}{\text{verfügbarer elektr. Effekt}} =$$

$$\frac{\dfrac{A \cdot L}{24000} - \dfrac{A \cdot l}{24000}}{\dfrac{A \cdot L}{24000} + \dfrac{A \cdot l^h}{24000}} = \frac{L - l}{L + l^h} \quad \ldots \ldots \quad (32)$$

5. Zur Berechnung eines Elektromotors seien gegeben die stets gleiche verfügbare Spannung $V = 1000$, die zwischen den Grenzen $A = 60$ und $A = 240$ verschiedene, im Mittel $A = 120$ betragende Stromstärke und die mittlere Umdrehungszahl $n = 300$. Die Maschine soll bei gleicher mittlerer Arbeitsleistung zwischen 150 und 450 Umdrehungen regulierbar sein und soll die kleinste verfügbare elektrische Arbeit bei einer Umdrehungszahl $n = 300$ umsetzen können,

Für die mittlere Umdrehungszahl $n = 300$ gelte Gl. (1). Alsdann ist die Polzahl

$$P = \frac{6000}{n} = \frac{6000}{300} = 20.$$

Wird alsdann $n = 150$, so wird das Verhältnis $\frac{v}{m}$ sich ändern

$$\frac{v}{m} = \frac{P \cdot n}{60} = \frac{20 \cdot 150}{60} = 50$$

und bei $n = 450$ wird

$$\frac{v}{m} = \frac{P \cdot n}{60} = \frac{20 \cdot 450}{60} = 150.$$

Wenn 4 Untermaschinen, deren jede für eine Stromstärke von $A = 60$, eine Spannung von $V = 1000$ und eine Umdrehungszahl $n = 300$ gebaut ist, zur Ausführung kommen, so geben bei der höchsten verfügbaren elektrischen Arbeit $A = 240$, $V = 1000$ 4 parallel geschaltete Untermaschinen die Arbeit ab bei der Umdrehungszahl $n = 300$.

Ist die mittlere Stromstärke $A = 120$ bei $V = 1000$ verfügbar, so geben die Arbeit ab

2 Untermaschinen bei der Umdrehungszahl . . . . . $n = 300$
3 parallele Untermaschinen bei der Umdrehungszahl . . $n = 450$
4 »   »   » »   »   . . $n = 600$
Werden hinter die 2 parallel geschalteten Untermaschinen die anderen 2 Untermaschinen parallel geschaltet, so geben die 4 Untermaschinen die Arbeit ab bei der Umdrehungszahl $n = 150$.

Ist die kleinste Stromstärke $A = 60$ bei $V = 1000$ verfügbar, so geben die Arbeit ab

1 Untermaschine bei der Umdrehungszahl . . . . . $n = 300$
2 parallele Untermaschinen bei der Umdrehungszahl . . $n = 600$
3 »   »   » »   »   . . $n = 900$
4 »   »   » »   »   . . $n = 1200$
2 hintereinandergeschaltete Untermaschinen bei der Um-
    drehungszahl . . . . , . . . $n = 150$
3 hintereinandergeschaltete Untermaschinen bei der Um-
    drehungszahl . . . . $n = 100$
4 hintereinandergeschaltete Untermaschinen bei der Um-
    drehungszahl . , ... $n = 75$
Werden hinter 2 parallelen Untermaschinen die anderen beiden parallel geschaltet, so geben die 4 Untermaschinen die Arbeit ab bei der Umdrehungszahl $n = 300$.

Bei diesen Entwickelungen wurde nicht berücksichtigt, daſs die auf den Anker kommende Spannung um den Verlust in den induzierenden Magneten verringert wird, was um so eher angänglich, je gröſser der Wert von $\dfrac{v}{m}$ ist.

E. Wechselstrommaschinen.

1. Verschiedene Arten der Anordnung, der Erregung und des Betriebes. Die oben berechneten dynamischen Elektrizitätserzeuger werden zu Wechselstrommaschinen umgestaltet, sofern ihre induzierenden Magnete mit Wechselstrom gespeist werden, oder sofern bei Speisung der induzierenden Magnete mit Gleichstrom der erzeugte Strom nur von den Enden der zweckmäſsig verbundenen Drahtlängen l abgenommen wird. Der Gleichstrom zur Speisung der induzierenden Magnete kann durch Gleichrichtung eines Teiles des erzeugten Wechselstromes gewonnen werden oder durch Entnahme von Gleichstrom vom Induktor, kann aber auch einer auf gleicher Achse mit der Wechselstrommaschine sitzenden Gleichstrommaschine entnommen werden. Wird eine mit Gleichstrom erregte Wechselstrommaschine der gleichen Konstruktion wie die vorberechneten Maschinen mit Kollektor für Abgabe von Gleichstrom versehen, so gibt sie bei der Umdrehungszahl n und irgend einem Auſsenwiderstand und einer gewissen Stromstärke in den induzierenden Magneten eine Spannung V und eine Stromstärke A zur Verfügung, indem sie eine Arbeit H aufnimmt. Wird dem Induktor derselben Maschine Wechselstrom entnommen bei einem dem früheren gleichen Auſsenwiderstand, gleicher Stromstärke in den induzierenden Magneten und gleicher Umdrehungszahl n, so gibt die Maschine eine geringere Spannung und Stromstärke zur Verfügung, als bei der Entnahme von Gleichstrom. Es werden nämlich nur die Maximalwerte dieser Spannung und dieses Stromes dieselben sein, wie bei Entnahme von Gleichstrom; die mit dem Cardewvoltmeter oder dem Elektrodynamometer gemessenen Mittelwerte verhalten sich aber zu den Maximalwerten angenähert wie 100 : 75 (eigentlich 100 : 70,7). In annähernd demselben Verhältnisse ist die verbrauchte Arbeit kleiner geworden.

2. Das elektrische Güteverhältnis. Das elektrische Güteverhältnis einer sich selbst mit Gleichstrom erregenden Wechselstrommaschine bestimmt sich wie folgt. Der Verlust in allen Induktormagneten zusammen ist

$$\dfrac{P \cdot a \cdot l}{24000}.$$

Der Verlust in allen induzierenden Magneten zusammen ist

$$\frac{P \cdot a^n \cdot l^n}{24000}.$$

Der von der Maschine zur Verfügung gegebene elektr. Effekt ist

$$\frac{P \cdot a \cdot L}{24000} - \frac{P \cdot a^n \cdot l^n}{24000}.$$

Der totale erzeugte Effekt ist

$$\frac{P \cdot a \cdot L}{24000} + \frac{P \cdot a \cdot l}{24000},$$

infolgedessen das Verhältnis

$$\frac{\text{verfügbarer Effekt}}{\text{totaler erzeugter Effekt}} = \frac{a \cdot L - a^n \cdot l^n}{a(L+l)} \quad \cdots \quad (33)$$

3. Zur Berechnung einer mit Gleichstrom sich selbst erregenden Wechselstrommaschine seien gegeben die Spannung $V = 100$ und die Stromstärke $A = 240$, sowie die Umdrehungszahl $n = 100$.

Mit Gl. (1) $\frac{v}{m} = 100$ folgt aus Gl. (2) die Polzahl

$$P = \frac{6000}{n} = \frac{6000}{100} = 60.$$

Aus Gl. (3) ergibt sich die Stromstärke

$$a = \frac{A}{P} = \frac{240}{60} = 4.$$

Die die Bewickelung bestimmende größte elektrische Arbeit eines Magnetes ist nach Gl. (4)

$$a \cdot V \cdot \frac{m}{v} = 4 \cdot 100 \cdot 0{,}01 = 4.$$

Aus Gl (5) folgt die ideelle Drahtlänge
$$L = 24000 \cdot V = 24000 \cdot 100 = 2400000,$$
aus Gl. (7), die erste für den Wickelraum maßgebende Dimension,
$$l = 240 \cdot V = 24000.$$
Der Kupferquerschnitt, die andere für den Wickelraum maßgebende Dimension, berechnet sich nach Gl. (8)
$$q = 0{,}4 \cdot a = 0{,}4 \cdot 4 = 1{,}6 = \sim 1{,}54,$$
und der entsprechende Durchmesser aus Gl. (9)
$$d = \sqrt{0{,}5 \cdot a} = \sqrt{0{,}5 \cdot 4} = \sim 1{,}4,$$
wonach die Drahtdicke einschließlich der Isolation angenommen werde zu $\qquad k = 2{,}2.$
Nach Gl. (12) bestimmt sich der Wert von ϱ, der radialen Eisenkerndimension,
$$\varrho = 16 \cdot d = 16 \cdot 1{,}4 = \sim 22,$$

und nach Gl. (13) ein Mittelwert der Magnetlänge m

$$m = \sqrt{\frac{q \cdot l}{\varrho \cdot 0{,}075}} = \sqrt{\frac{1{,}54 \cdot 24000}{22 \cdot 0{,}075}} = \sim 150.$$

Um mit der Umfangsgeschwindigkeit v nicht zu klein und mit dem mittleren Durchmesser nicht zu groß zu werden, werde gewählt

$$m = 42 \cdot \pi = 132,$$

dann ist nach Gl. (14) der mittlere Induktordurchmesser

$$D = \frac{P \cdot m}{\pi} = \frac{60 \cdot 42 \cdot \pi}{\pi} = 2520.$$

Gl. (15) ergibt die Windungszahl w mit $f = 5$

$$w = \frac{(D - \varrho - 2)\,\pi - P \cdot f}{k \cdot P} = \frac{(2520 - 22 - 2)\,\pi - 60 \cdot 5}{2{,}2 \cdot 60} = \sim 57.$$

und Gl. (16) läßt die Induktorbreite λ erhalten

$$\lambda = \frac{l}{2\,w} - \varrho - 2\,k - 4 = \frac{24000}{114} - 22 - 4{,}4 - 4 = 180,$$

während aus Gl. (1) die mittlere Umfangsgeschwindigkeit v folgt

$$v = 100 \cdot m = 100 \cdot 132 = 13200.$$

Die Länge l, bezw. die 57 Windungen ergeben nach Gl. (17)

$$s = \frac{V}{5} = \frac{100}{5} = 20,$$

also 20 Spulen, jedoch sollen 19 Spulen von je 3 Windungen zur Ausführung kommen, also $s = 19$.

Das Verhältnis J ist mit den oben bestimmten Werten geworden nach Gl. (10)

$$J = \frac{q \cdot l}{m \cdot \varrho \cdot \lambda} = \frac{1{,}54 \cdot 24000}{132 \cdot 22 \cdot 180} = 0{,}071.$$

Nach Gl. (18) muß für den induzierenden Magnet sein

$$J^n = 2{,}4\,J = 2{,}4 \cdot 0{,}071 = 0{,}170.$$

Weil aber die resultierende Spannung nach früheren Erörterungen nur bei entnommenem Gleichstrom 100 Volt und bei entnommenem Wechselstrom angenommener Weise 75 Volt betragen würde, so werde J^n um ein Viertel seines Wertes vergrößert, wodurch die Spannung des entnommenen Wechselstromes auf 100 Volt, und des Gleichstroms auf 125 Volt gebracht sein soll, also $J^n = 0{,}170 + 0{,}043 = 0{,}213$.

Der äußerste Durchmesser des Induktors einschließlich der Bewickelung, setzt sich zusammen aus

D = dem mittleren Induktordurchmesser . . . . = 2520
$+ \varrho$ = der radialen Eisenkerndimension . . . . = 22
$+ 2$ = der Isolation des Eisenkerns . . . . . . = 2
$+ 2\,k = 4{,}4$ = der doppelten Drahtdicke einschließlich
      der Isolation . . . . , ... = 4,4

ist also = 2548,4,

so daſs bei 6,3 mm radialem Spielraum zwischen Induktor und Polschuh-Innenfläche die Ausdrehung der Polschuh-Innenflächen einen
Durchmesser im Lichten haben muſs von

$$2548,4 + 12,6 = 2561,0$$

und bei 20 mm vorstehendem Polschuh über den inneren Eisenkern
und bei der radialen Dicke ϱ' des Eisenkernes

$$\varrho' = \varrho = 22$$

wird der mittlere Durchmesser des induzierenden Eisenkernes

$$D' = 2561 + 40 + 22 = 2623.$$

Die peripherische Polschuhlänge p' werde ausgeführt in diesem
Falle mit $p' = 22,$

wonach sich die Magnetlänge m aus Gl. (20) ergibt

$$m' = \frac{D' \cdot \pi}{P} - p' = \frac{2623 \cdot 3,14}{60} - 22 = 137,4 - 22 = \backsim 115.$$

Da die Länge l^n mit Gleichstrom von 125 Volt gespeist wird, so
wird nach Gl. (26)

$$l^n = 24000\, V = 24000 \cdot 125 = 3000000$$

und aus Gl. (27) folgt der Wert für q^n, wenn $\lambda' = \lambda$ gesetzt wird

$$q^n = \frac{J^n \cdot m' \cdot \varrho' \cdot \lambda'}{l^n} = \frac{0,213 \cdot 115 \cdot 22 \cdot 180}{3000000} = 0,032.$$

Werden die Bewickelungen der 60 induzierenden Magnete hintereinander geschaltet, so kommt auf einen Magnet die Länge

$$l^n = \frac{3000000}{60} = 50000$$

und der Querschnitt

$$q^n = 60 \cdot 0,032 = 1,92.$$

Damit ist die Stromstärke bestimmt

$$a^n = 2,5 \cdot q^n = 2,5 \cdot 1,92 = 4,8$$

und der Durchmesser $d = 1,7$

und die Drahtdicke einschlieſslich der Isolation $k = 2,5$.

Das elektrische Güteverhältnis der Maschine ist nach Gl. (33)

$$\frac{a \cdot L - a^n\, l^n}{a\,(L + l)} = \frac{4 \cdot 2400000 - 4,8 \cdot 50000}{4\,(2400000 + 24000)} = 0,97.$$

4. Zur Berechnung einer Wechselstrommaschine seien gegeben
die Spannung $V = 2000$ und die Stromstärke $A = 150$ bei der Umdrehungszahl $n = 100$. Die induzierenden Magnete sollen von einer
Gleichstrommaschine mit 100 Volt Spannung gespeist werden.

Mit Gl. (1) $\frac{v}{m} = 100$ folgt aus Gl. (2)

$$P = \frac{6000}{n} = \frac{6000}{100} = 60.$$

Aus Gl. (3) ergibt sich die Stromstärke

$$a = \frac{A}{P} = \frac{150}{60} = 2{,}5.$$

Die die Bewickelung bestimmende gröfste elektrische Arbeit eines Magnetes ist nach Gl. (4)

$$a \cdot V \cdot \frac{m}{v} = 2{,}5 \cdot 2000 \cdot \frac{1}{100} = 50.$$

Aus der Gl. (5) folgt die ideelle Drahtlänge

$$L = 24000 \cdot V = 24000 \cdot 2000 = 48000000,$$

aus Gl. (7) die erste für den Wickelraum mafsgebende Dimension

$$l = 240 \cdot 2000 = 480000.$$

Der Kupferdrahtquerschnitt, die andere für den Wickelraum mafsgebende Dimension, berechnet sich nach Gl. (8)

$$q = 0{,}4\,a = 0{,}4 \cdot 2{,}5 = 1 \text{ gesetzt} = 1{,}13$$

und der entsprechende Drahtdurchmesser aus Gl. (9)

$$d = \sqrt{0{,}5 \cdot a} = \sqrt{0{,}5 \cdot 2{,}5} = 1{,}2,$$

wonach die Drahtdicke einschliefslich der Isolation angenommen werde zu $\qquad k = 2{,}0.$

Nach Gl. (12) bestimmt sich der Wert von ϱ, wenn, bei dieser Maschine ausnahmsweise, 3 Drahtlagen auf den Induktor gebracht werden sollen

$$\varrho = 16 \cdot d \cdot 3 = 16 \cdot 1{,}2 \cdot 3 = 57{,}6 = \sim 58$$

und nach Gl. (13) ein mittlerer Wert der Magnetlänge m

$$m = \sqrt{\frac{q \cdot l}{\varrho \cdot 0{,}075}} = \sqrt{\frac{1{,}13 \cdot 480000}{58 \cdot 0{,}075}} = 353.$$

Es werde gewählt $m = 60 \cdot \pi = 188{,}5$, um mit der Umfangs-geschwindigkeit noch in erlaubten Grenzen zu bleiben.

Nach Gl. (14) läfst sich der Durchmesser D des Induktors ermitteln

$$D = \frac{P \cdot m}{\pi} = \frac{60 \cdot 60 \cdot \pi}{\pi} = 3600.$$

Gl. (15) ergibt mit $f = 7{,}5$ die Windungszahl w der Windungen nebeneinander

$$w = \frac{(D - \varrho - 2)\,\pi - f \cdot P}{l \cdot k} = \frac{(3600 - 58 - 2)\,\pi - 7{,}5 \cdot 60}{60 \cdot 2} = \sim 88,$$

auf einen Magnet des Induktors kommen demnach 264 Windungen.
Gl. (16) läßt die Induktorbreite λ berechnen bei 3 Drahtlagen

$$\lambda = \frac{l}{2 \cdot w \cdot 3} - \varrho - 6\,k - 4 = \frac{480000}{2 \cdot 88 \cdot 3} - 58 - 12 - 4 = 835,$$

während aus Gl. (1) die mittlere Umfangsgeschwindigkeit v folgt

$$v = 100 \cdot 188,6 = 18860.$$

Das Verhältnis J ist mit den oben bestimmten Werten nach Gl. (10)

$$J = \frac{q \cdot l}{m \cdot \varrho \cdot \lambda} = \frac{1,13 \cdot 480000}{188,6 \cdot 58 \cdot 835} = 0,077.$$

Für den induzierenden Magnet muß sein nach Gl. (18)

$$J^n = 2,4\,J = 2,4 \cdot 0,077 = 0,1848 = \sim 0,185.$$

Der äußerste Durchmesser des Induktors einschließlich der Bewickelung setzt sich zusammen aus

D = dem mittleren Induktordurchmesser . . .	=	3600
$+\varrho$ = der radialen Magneteisenkerndimension . .	=	58
$+2$ = der Isolation des Eisenkernes	=	2
$+3 \cdot 2\,k = 3 \cdot 2 \cdot 2 =$ dreimal der doppelten Drahtdicke		
einschließlich der Isolation	=	12
		3672,

so daß bei 6,5 radialem Spielraum zwischen Induktor und Polschuh-
Innenfläche die Ausdehnung der Polschuh-Innenflächen einen Durchmesser im Lichten haben muß von

$$3672 + 2 \cdot 6,5 = 3685,$$

und bei 20 mm vorstehendem Polschuh über den inneren Eisenkern
und bei der radialen Dicke ϱ' des Eisenkernes

$$\varrho' = \varrho = 58,$$

wird der mittlere Durchmesser des induzierenden Eisenkernes

$$D' = 3685 + 40 + 58 = 3783.$$

Die peripherische Polschuhlänge p' werde ausgeführt mit

$$p' = 58,$$

wonach sich die Magnetlänge m' aus Gl. (20) ergibt

$$m' = \frac{D' \cdot \pi}{P} - p' = \frac{3783 \cdot \pi}{60} - 58 = 140.$$

Werden die induzierenden Magnete mit dem Strome von einer
Spannung $V = 100$ einer der oben berechneten Maschinen gespeist,
so ergibt sich die auf jedem induzierenden Magneten aufzubringende
Drahtlänge l^n aus Gl. (26)

$$l^n = 24000 \cdot V = 24000 \cdot 100 = 2400000,$$

und aus Gl. (27) folgt der Wert für q^n, wenn $\lambda' = \lambda$ gesetzt und J^n um $1/4$ seines Wertes vergröfsert wird

$$q^n = \frac{J^n \cdot m' \cdot \varrho' \cdot \lambda'}{l^n} = \frac{0,231 \cdot 140 \cdot 58 \cdot 835}{2400000} = 0,65.$$

Dem obigen Werte von q^n entspricht eine Stromstärke

$$a^n = 2,5 \cdot q^n = 2,5 \cdot 0,65 = 1,6.$$

Das elektrische Güteverhältnis der Maschine ist nach Gl. (33)

$$\frac{a \cdot L - a^n \cdot l^n}{a (L + l)} = \frac{2,5 \cdot 48000000 - 1,6 \cdot 2400000}{2,5 (48000000 + 480000)} = 0,96.$$

Möglich und in gewisser Beziehung zweckmäfsig wäre es gewesen, die induzierenden und induzierten Magnete in Bezug auf ihre Bewickelungen so zu berechnen, dafs die Bewickelungen in mehrere Serien hätten geschaltet werden können.

F. Transformatoren.

1. **Die Wickelungen.** Die erste oder primäre Wickelung eines Transformators ist vergleichbar der Wickelung der induzierenden Magnete einer Dynamomaschine, welche von einer anderen Maschine mit Wechselstrom erregt wird. Die zweite oder sekundäre Wickelung eines Transformators verhält sich wie die Wickelung eines Induktormagnetes einer Dynamomaschine, die dieselbe Anzahl Polwechsel hat. Die Wickelungen können so aufgebracht werden, dafs sich Pole bilden oder so, dafs sich keine Pole bilden.

Es seien die Spannung V und die Stromstärke A für die zweite Wickelung gegeben. Wird nach Gl. (1)

$$\frac{v}{m} = 100,$$

d. h. finden 100 Polwechsel des Wechselstromes statt, so ist die Länge l der zweiten Wickelung nach Gl. (7)

$$l = 24000 \cdot V \cdot \frac{m}{v} = 240\,V$$

und der Kupferquerschnitt

$$q = 0,4\,A \quad \text{und der Durchmesser } d = \sqrt{0,5\,A},$$

wonach sich k ergibt zu $k = d +$ Isolationsdicke. Wird d gröfser als praktisch aufbringbar oder sind andere Gründe vorhanden, so kann q geteilt und mehrere Drähte, die zusammen den Querschnitt q haben, aufgebracht werden.

Nach Gl. (12) bestimmt sich der Wert von ϱ der radialen Eisenkerndimension $\qquad \varrho = 16\,d,$

und nach Gl. (13) ein mittlerer Wert der Magnetlänge m

$$m = \sqrt{\frac{q \cdot l}{\varrho \cdot 0{,}075}}.$$

Wird m gewählt, so läfst sich nach der umgestalteten Gl. (14) der Durchmesser D ermitteln

$$D = \frac{m}{\pi},$$

und nach Gl. (15) die Windungszahl

$$w = \frac{(D - \varrho - 2)\,\pi}{k}$$

Gl. (16) ergibt die Eisenkernbreite

$$\lambda = \frac{l}{2\,w} - \varrho - 2\,k - 4.$$

Das Verhältnis J ist mit den oben bestimmten Werten nach Gl. (10)

$$J = \frac{q \cdot l}{m \cdot \varrho \cdot \lambda}.$$

Nach Gl. (25) mufs für die primäre Bewickelung sein

$$J^n = 1{,}2\,J,$$

indem die Wirkung von einer Wickelung auf die andere vollkommener übertragen wird als bei einer Dynamomaschine, und weil die zweite Wickelung stromlos ist, während in der ersten der Stromimpuls erfolgt.

Die verfügbare primäre Spannung V^n bestimmt die Länge der ersten oder primären Wickelung

$$l^n = 24000 \cdot V^n \cdot \frac{m}{v} = 240 \cdot V^n$$

und der Querschnitt derselben ergibt sich nach Gl. (27)

$$q^n = \frac{J^n \cdot m \cdot \varrho \cdot \lambda}{l^n}$$

und aus dem Querschnitt die nötige Stromstärke

$$A^n = 2{,}5 \cdot q^n.$$

2. **Güteverhältnis.** Der Effektverlust in der primären Wickelung ist

$$\frac{A^n \cdot l^n}{24000}$$

der in derselben aufgewendete Effekt ist

$$\frac{A^n \cdot L^n}{24000}$$

und darum der nützliche Effekt

$$\frac{A^n\,(L^n - l^n)}{24000}.$$

Der Effektverlust in der zweiten Wickelung beträgt

$$\frac{A \cdot l}{24000},$$

der verfügbare Effekt in derselben ist

$$\frac{A \cdot L}{24000}.$$

Das Verhältnis des verfügbaren Effektes zu dem in der ersten Wickelung aufgewandten

$$\frac{A \cdot L}{A^n \cdot L^n} \qquad \cdots \cdots \cdots \quad (34)$$

3. Zur Berechnung eines Transformators seien gegeben die primäre Spannung $V^n = 2000$, die sekundäre Spannung $V = 50$ und die Stromstärke $A = 160$. Die stromgebende Maschine habe 100 Polwechsel in der Zeiteinheit.

Es ergibt sich mit Gl. (7) die Länge der sekundären Wickelung

$$l = 24000 \cdot V \cdot \frac{m}{v} = 240\,V = 240 \cdot 50 = 12000$$

und der Kupferquerschnitt

$$p = 0{,}4 \cdot A = 0{,}4 \cdot 160 = 64 = 4 \cdot 16.$$

Wenn dieser in 4 Drähte von je $q = 16$ zerlegt wird, so ist von einem derselben der Durchmesser

$$d = 4{,}5 \text{ und } k = 5{,}3.$$

Nach Gl. (12) bestimmt sich die radiale Eisenkerndimension

$$\varrho = 16\,d = 16 \cdot 4{,}5 = 72$$

und nach Gl. (13) ein mittlerer Wert der Magnetlänge m

$$m = \sqrt{\frac{q \cdot l}{\varrho \cdot 0{,}075}} = \sqrt{\frac{64 \cdot 12000}{72 \cdot 0{,}075}} = 400.$$

Es werde gewählt $m = 280 \cdot \pi = 880$, so ist der mittlere Durchmesser

$$D = \frac{m}{\pi} = \frac{280 \cdot \pi}{\pi} = 280$$

und nach Gl. (15) die Windungszahl in vierfachen Windungen

$$w = \frac{(D - \varrho - 2)\,\pi}{4 \cdot k} = \frac{(280 - 72 - 2)\,3{,}14}{21{,}2} = 30,$$

doch sollen nur $w = 25$ zur Ausführung kommen, natürlich können die Windungen anstatt vierfach auch einzeln zu je 25 nebeneinander der einzelnen Drähte aufgebracht und dann die 4 Wickelungen parallel geschaltet werden. Gl. (16) ergibt die Eisenkernbreite

$$\lambda = \frac{l}{2\,w} - \varrho - 2\,k - 4 = \frac{12000}{2,25} - 72 - 10,6 - 4 = 154.$$

Nach Gl. (10) ist das Verhältnis J geworden

$$J = \frac{q \cdot l}{m \cdot \varrho \cdot \lambda} = \frac{64 \cdot 12000}{880 \cdot 72 \cdot 154} = 0,079.$$

Wird für die primäre Bewickelung alsdann

$$J^n = 1,2 \cdot J = 1,2 \cdot 0,079 = 0,095$$

und ergibt sich die Länge

$$l^n = 240\ V^n = 240 \cdot 2000 = 480000,$$

so ist der Querschnitt nach Gl. (27)

$$q^n = \frac{J^n \cdot m \cdot \varrho \cdot \lambda}{l^n} = \frac{0,095 \cdot 880 \cdot 72 \cdot 154}{480000} = 1,93$$

und $d = 1,6$ und $k = 2,4$,

also die Stromstärke $A^n = 2,5 \cdot 1,93 = 4,8.$

Das Güteverhältnis ist

$$\frac{\text{verfügbarer Effekt}}{\text{aufgewandter Effekt}} =$$

$$= \frac{A \cdot L}{A^n \cdot L^n} = \frac{160 \cdot 1200000}{4,8 \cdot 48000000} = 0,83.$$

Anhang.

A. Berechnung einer Flachringmaschine.

Zur Berechnung einer Hauptschlußmaschine, die mit Flachring ausgestattet werden soll, seien gegeben die Spannung $V = 1000$, die Stromstärke $A = 10$ und die Umdrehungszahl $n = 900$.

Es mögen 30 Polwechsel bei der Maschine erfolgen, dann lautet Gl. (1)

$$\frac{v}{m} = 30$$

und die Polzahl ergibt sich aus Gleichung

$$P = \frac{60 \cdot v}{n \cdot m} = \frac{60 \cdot 30}{900} = 2.$$

Gl. (3) ergibt die größte Stromstärke

$$a = \frac{A}{P} = \frac{10}{2} = 5$$

und Gl. (5) die ideelle Drahtlänge

$$L = 24000 \cdot 1000 = 24000000,$$

aus Gl. (6) die erste für den Wickelraum maßgebende Dimension

$$l = 24000 \cdot V \cdot \frac{m}{v} = 24000 \cdot 1000 \cdot \frac{1}{30} = 800000.$$

Der Kupferquerschnitt, die andere für den Wickelraum maßgebende Dimension, berechnet sich nach Gl. (8)

$$q = 0{,}4 \cdot a = 0{,}4 \cdot 5 = 2,$$

also der Durchmesser $d = 1{,}6$, so daß einschließlich der Isolation

$$k = 2{,}4.$$

Die radiale Dicke des Eisenkernes des Induktors muß angenommen werden, weil Gl. (12) keinen Wert von ϱ bestimmen kann bei einer Flachringmaschine. ϱ werde angenommen zu

$$\varrho = 180.$$

Nun kann Gl. (12) einen kleinsten Wert für λ ergeben, indem für diese Eisenkerndimension dieselben Bedingungen gelten wie früher für ϱ. Damit läßt sich m aus Gl. (10) ermitteln und dann ergibt sich die Anzahl Windungen und Lagen, die zur Aufbringung der Drahtlänge l notwendig sind.

Obgleich v, die mittlere Umfangsgeschwindigkeit, im allgemeinen die früher angedeuteten Grenzen nicht überschreiten sollte, werde hier mit v und der Magnetlänge m eine Ausnahme gemacht und gewählt
$$m = 250\,\pi = 785.$$
Nach Gl. (14) ist der mittlere Induktordurchmesser
$$D = \frac{P \cdot m}{\pi} = \frac{2 \cdot 250\,\pi}{\pi} = 500$$
und mit $f = 25$ die Zahl der Windungen nebeneinander
$$w = \frac{(D - \varrho - 2)\,\pi - f \cdot P}{P \cdot k} = \frac{(500 - 180 - 2)\,\pi - 25 \cdot 2}{2 \cdot 2{,}4} = 198.$$
Werden 5 Drahtlagen übereinander angenommen, so ergeben sich auf einem Magnete
$$5 \cdot 198 = 990 \text{ Windungen,}$$
und aus der Gleichung
$$w\,(2\,\varrho + 2\,\lambda + 20\,k + 8) = l$$
ergibt sich
$$\lambda = \frac{l}{2\,w} - \varrho - 10\,k - 4 = \frac{800000}{1980} - 180 - 24 - 4 = 196,$$
welcher Wert gröfser als der Minimalwert
$$\lambda = 16 \cdot 5\,d = 128,$$
die mittlere Umfangsgeschwindigkeit ist also
$$v = 30 \cdot 785 = 23550.$$
Die Länge l, bezw. die $5 \cdot 250$ Windungen, sollen nach Gl. (17) ergeben eine Spulenzahl
$$s = \frac{V}{5} = \frac{1000}{5} = 200,$$
jedoch sollen zur Ausführung kommen nur
$$s = 99.$$
Das Verhältnis J ist mit den oben bestimmten Werten nach Gl. (10)
$$J = \frac{q \cdot l}{m \cdot \varrho \cdot \lambda} = \frac{2 \cdot 800000}{785 \cdot 180 \cdot 196} = 0{,}06.$$
Die induzierenden Magnete werden als der Maschinenachse parallel liegende Doppel- oder Hufeisenmagnete ausgebildet mit Eisenkernen von rundem Querschnitt. Bei dem grofsen Abstande der induzierenden und induzierten Eisenmassen voneinander und bei der nur teilweisen Ausnützung der induzierenden Eisenmassen werde gesetzt
$$J^h = 2 \cdot 1{,}5\,J = 3\,J.$$
$$J^h = 3 \cdot 0{,}06 = 0{,}18.$$

Der Eisenkern eines induzierten Magnetes hat den Querschnitt

$$\lambda \cdot \varrho = 196 \cdot 180 = 35280.$$

Dieser Wert von $\lambda \cdot \varrho$ werde $= \lambda' \cdot \varrho'$ gesetzt. Dem entsprechend ist der Durchmesser der induzierenden Magnetkerne $= 212$ mm. Jeder habe die Länge von 314 mm. Demnach ergibt sich die Länge l^h auf 2 zusammengehörigen Magneten

$$l^h = \frac{J^h \; m' \cdot \varrho \cdot \lambda'}{q^h} = \frac{0{,}18 \cdot 2 \cdot 314 \cdot 35280}{2} = 0{,}18 \cdot 314 \cdot 35280 =$$

$$= 1994026 = \sim 2000000$$

und die Zahl der Windungen bei Berücksichtigung der mittleren Windungslänge auf einem Magnete aus

$$w^h = \frac{l^h}{(212 + 24{,}0) \, \pi} = \frac{1994026}{236 \cdot 3{,}14} = 2688.$$

Auf jeder Magnethälfte also etwa 1344 Windungen, von denen auf eine Lage $m = \dfrac{314}{2{,}4} = 130$ Windungen gehen, demnach sind $\dfrac{1344}{130} = 10$ Lagen notwendig.

Das Güteverhältnis der berechneten Maschine ist

$$\frac{L - l^h}{L + l} = \frac{24000000 - 2000000}{24000000 + 800000} = 0{,}89.$$

B. Schaltungsregeln für elektrische Maschinen.

Bei der Verschaltung elektrischer Maschinen führt immer ein kurzer Versuch zur Erkenntnis, welche Bürste für eine gewisse Drehungsrichtung mit den an einem Polschuhe liegenden Enden der Wickelung der induzierenden Magnete verbunden werden muß. Die folgende einfache Überlegung gibt eine Regel an die Hand, mittels welcher ohne Versuch und langes Nachdenken die Schaltung sich ergibt.

Die auf Seite 2 gezeichnete Figur bedarf nur kurzer Erklärung. Sie stellt schematisch eine Dynamomaschine dar mit 6 Polen; die induzierenden Magnete sind den induzierten symmetrisch gestaltet und beide mit rechtsläufigen Windungen bewickelt. Eine Stromrichtung, wie sie möglicherweise aufkommen kann, ist eingezeichnet. Es sei die Richtung des positiven Stromes so, daß die im Induktor und den Magneten eingeschriebenen Polaritäten Gültigkeit haben. Wird die Maschine als Sekundärmaschine in der eingezeichneten Weise mit Strom versehen, so geht der Nordpol im Induktorkern

nach dem Südpol im Polschuh, die Maschine dreht sich im Uhrzeigersinne. Den Stromrichtungspfeilen entsprechend muſs alsdann
die Bürste am Nordpol des Ankers mit den am Südpol anliegenden
Enden der Bewickelung der induzierenden Magnete verbunden werden.
Bei gleicher Verbindung und Drehungsrichtung gibt die Maschine
als Primärmaschine keinen Strom; bei gleicher Verbindung und dem
Uhrzeigersinne entgegengesetzter Drehungsrichtung gibt die Maschine
Strom der eingezeichneten Richtung; denn die Bewickelung des an-
nähernden Teiles eines induzierten Magnetes, welcher zwischen Bürste
und Polschuh liegt, erfährt eine Induktion von solcher Richtung,
daſs der entstehende Strom der Richtung des den wirksamen Magnetismus hervorrufenden Stromes in der Bewickelung des symmetrisch
liegenden Stückes des induzierenden Magnetes entgegengesetzt ist,
während die Bewickelung des sich entfernenden Teiles eines induzierten Magnetes, welches zwischen Bürste und Polschuh liegt, eine
Induktion von solcher Richtung erfährt, daſs der entstehende Strom
der Richtung des den wirksamen Magnetismus hervorrufenden Stromes
in der Bewickelung des symmetrisch liegenden Stückes des induzierenden Magnetes gleich ist.

Bei der Verbindung einer Bürste mit den an einem Polschuhe
liegenden Enden der Bewickelung der induzierenden Magnete gibt
die Maschine Strom in der Drehungsrichtung vom Polschuhe nach
der betreffenden Bürste hin und läuft sekundär in der Drehungsrichtung von der Bürste nach dem Polschuh hin.

Wird in allen Teilen der linkslaufenden Primärmaschine mit
obiger Schaltung die Stromrichtung umgekehrt, so bleiben alle Verhältnisse die gleichen. Die Maschine kann ebenso wohl den entgegengesetzt gerichteten Strom geben. Denn, wenn angenommen
wird, daſs die Maschine nach längerem Stillsetzen ohne remanenten
Magnetismus wäre, so bliebe es dem Zufalle überlassen, einem Pole
eine Spur Magnetismus der einen oder der andern Art zu erteilen,
und die Maschine würde dann ebenfalls Strom von der einen oder
der andern Richtung geben. Als Sekundärmaschine wird jede
Maschine sich stets in gleicher Richtung drehen, wie auch die strom-
zuführenden Pole verwechselt würden. Daraus geht weiter hervor,
daſs jede derartige Maschine sekundär mit Wechselstrom betrieben
werden kann, wenn nur die induzierenden Magnete zweckentsprechend
konstruiert sind.